国门上的
43 种珍稀动物档案

中国野生动物保护协会
国际野生物贸易研究组织（英国）北京代表处 ｜ 编
上海自然博物馆（上海科技馆分馆）

中国海关出版社有限公司
·北京·

致敬「国门卫士」

中国海关

严厉打击濒危物种及其制品走私

筑牢国门防线，维护国门安全，守护地球家园

《国门上的43种珍稀动物档案》
编　委　会

主　　任　　武明录　韩　钢

副主任　　褚卫东　王　虹　徐宏发　王小明

委　　员　　尹　峰　徐　玲　何　鑫　杨昱琦　卢琳琳　张云飞　唐先华

主　　编　　尹　峰　徐　玲　何　鑫

副主编　　杨昱琦　卢琳琳　张云飞　唐先华

编写人员（按拼音排序）

陈冬小　陈　旸　程翊欣　崔勇勇　戴小杰　董　毅　樊恩源

范梦圆　高　洁　何　兵　何　鑫　胡忠军　季　伟　姜海瑞

李　波　李华桢　刘俊峰　刘　宁　刘　洋　石一茜　王晓梅

吴　峰　武立哲　徐　玲　徐正强　薛会萍　杨　薇　杨昱琦

尹　峰　赵　敏　郑亚辉　周用武　卓京鸿

前　言

2021年5—8月，云南亚洲象扣人心弦、跌宕起伏的北上南归之旅，牵动了全球数亿观众的心，公众深切感受到大象的温情快乐、家族力量以及惊人的"超能力"。在好奇、担心、喜爱的同时，公众也在重新思考人与野生动物的关系，这蕴含着人类对家园梦想、历史与未来走向的领悟和追问。

谈到野生动物，很多人的第一感觉是离自己很遥远。其实，在我们的日常生活中，只要你留心，就会发现野生动物和我们的生活息息相关。它们已经深深融入我们民族的电影、戏曲、绘画、诗歌、书法、摄影等艺术形式之中，其蕴含的丰富文化内涵以及人与动物之间特殊的情感交流，潜移默化地影响着我们的价值观、行为和生活方式。

近年来，得益于国家对生态文明建设的重视，社会公众对生态保护的大力支持，我国的野生动物资源正在逐步恢复，越来越多的野生动物出现在我们的周边。同时，作为一个负责任的大国，在致力于做好保护本国野生动物资源的同时，中国还积极参与野生动物保护的国际事务，认真履行所承担的国际义务，严厉打击野生动物非法贸易，与世界各国共同推动全球野生动物保护事业的发展。

海关处在打击野生动物走私的国门第一线。多年来，中国海关坚持"责任共担、共同治理"的理念，通过国际执法合作严厉打击濒危野生动物及其制品的走私，取得显著成果，得到国际社会的认可。为推动野生动物保护的公众参与，结合中国海关多年工作的成果，我们选取了在海关执法中查获的常见物种，也是列入《濒危野生动植物种国际贸易公约》（CITES）附录或世界自然保护联盟（IUCN）濒危物种红色名录的物种，编辑出版《国门上的43种珍稀动物档案》一书。希望通过科学优美的文字和精美生动的图片，读者不仅能够领略野生动物的自然美、野性美、生命美，还能感受到一线执法人员的辛苦和努力，更能体会到中国海关共建地球生命共同体的责任与担当。

国家主席习近平在《生物多样性公约》第十五次缔约方大会领导人峰会上的主旨讲话中强调："人不负青山，青山定不负人。"野生动物保护需要国家行动和个人行为相结合，共同努力，携手同行。今日的付出，正是为了构建经济与环境协同共进的地球家园。让野生动物自由自在地生活，这是对生命的呼唤，也是对人与自然和谐共生的浪漫礼赞。

本书编委会
2022年9月

目录

国门上的 43 种珍稀动物档案

C O N T E N T S

永远的国宝
——大熊猫

享誉世界、家喻户晓的"明星"物种，中国的国宝，一直是世界野生动物保护的象征，时常以各种卡通形象出现，其实仍然需要人类更多的呵护。

中文名　　　　　大熊猫

英文名　　　　　Giant Panda

拉丁名　　　　　*Ailuropoda melanoleuca*

家族　　　　　　食肉目，熊科，大熊猫属

昵称　　　　　　熊猫，猫熊，竹熊，滚滚，胖墩墩，食铁兽

荣誉称号　　　　中国国宝

现存野生种群规模　截至 2013 年年底，中国野生大熊猫种群数量为 1,864 只

保护级别　　　　IUCN 易危（VU），CITES 附录 I，国家一级保护野生动物

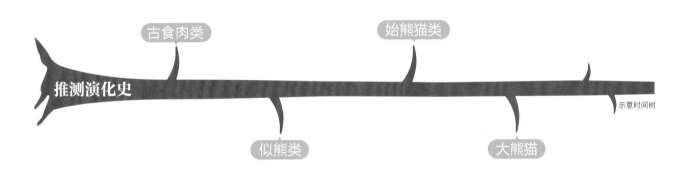

推测演化史

古食肉类　　　　始熊猫类

似熊类　　　　　大熊猫

示意时间树

我的形象我做主

成年熊猫体长 1.2~1.8 米，尾长 10~12 厘米，重 80~120 千克，最重可达 180 千克。体形肥硕丰腴，体色为黑白两色，白色有时有点发黄（恐怕是没好好洗澡），圆圆的大脸颊，大大的黑眼圈（真的没熬夜）。标志性的内八字行走方式，憨态可掬。拥有神秘的第六趾，可以用来抓取食物。

求生本领

大熊猫主要分布在中国四川、陕西、甘肃 3 个省的 6 大山系（秦岭、岷山、邛崃山、大相岭、小相岭、凉山），这里植被茂密，郁郁葱葱。

历经 800 万年的漫长演化，大熊猫已经从一个无肉不欢的肉食主义者，蜕变为清心寡欲的素食主义者，主要以各类竹子为食。据统计，大熊猫的栖息地分布着 60 多种可食用的竹子。竹子虽生长速度快，但营养价值却不高，因此大熊猫每天不得不花费大量时间进食，以量取胜。不过，大熊猫偶尔也会尝尝鲜，捡拾一些动物尸体，过过嘴瘾。

大熊猫的活动范围通常仅在 4~7 平方千米，每天有 8~9 个小时是不活动的，除去一半进食的时间，剩余时间多数在睡梦中度过。难怪大熊猫圆滚滚、懒洋洋的，其实这才是它们引以为傲的生存智慧。

独一无二的秘密

▷ 成年大熊猫几乎没有天敌，"巴掌呼狼"易如反掌

▷ 咬合力在食肉目动物中排名第五，前四名分别是北极熊、虎、棕熊、狮，卧龙保护区曾发现一只啃食铁盆子的熊猫，是名副其实的"食铁兽"

▷ 孕期 83~200 天，幼崽通常于 8 月前后出生在一个隐蔽的树洞或天然的岩洞里，里面铺有大熊猫妈妈精心准备的树枝和干草

▷ 新生儿发育相当不成熟，初生熊猫平均重量 145 克，约为成年大熊猫体重的千分之一

▷ 野生大熊猫的寿命为 18~20 岁，圈养状态下可以超过30 岁

▷ 大熊猫前掌 5 个带爪的趾是并生的，此外还有第六趾，起着"大拇指"的作用

谁在威胁它们

　　野外调查表明，受森林砍伐、基础设施建设等人类活动的影响，大熊猫的栖息地在逐渐丧失和破碎化，被分隔成多个局域，对大熊猫的迁移、觅食和基因交流等活动造成一定影响。

谁在保护它们

全国第四次大熊猫调查结果显示，截至 2013 年年底，全国野生大熊猫种群数量达 1,864 只，野生大熊猫栖息地面积为 258 万公顷，有大熊猫分布和栖息地分布的保护区数量增加到 67 处。

2021 年 10 月，国务院同意设立大熊猫国家公园，该公园整合了 12 个自然保护区、2 个森林公园、2 个水利风景区等，实现了对山水林田湖草的完整保护，为大熊猫走亲串门、"联姻"等创造了有利条件。88% 的野生大熊猫种群和 70% 以上的大熊猫主要栖息地被纳入国家公园。

同时，中国积极开展大熊猫的圈养繁殖研究，累计已将 11 只人工繁育大熊猫放归自然。

由于保护措施得力，野外大熊猫种群数量持续增长。2016 年，在第六届世界自然保护大会上，世界自然保护联盟（IUCN）宣布将大熊猫濒危等级由濒危（EN）降为易危（VU）。

国门救援

  1869 年 3 月，在四川宝兴邓池沟天主教堂担任神父的皮埃尔·埃蒙·大卫从猎人手中买到一只年幼"白熊"的皮张，他将这份皮张寄回了法国。从此之后，大熊猫这一物种正式为生物学界所知，西方掀起了一股大熊猫热，探险队、考察家、狩猎者接踵而来，纷纷踏入中国西南深远山区，捕猎大熊猫。从 20 世纪 40 年代开始，中国开始限制外国人捕猎大熊猫。时至今日，再无捕猎、走私大熊猫的可能。

  大熊猫呆萌可爱、憨态可掬，不仅是中国的国宝，

也深受世界各国人民的欢迎和喜爱。

  1949 年中华人民共和国成立后，"熊猫外交"开启，大熊猫成为中国展现友好外交的象征。1955—1980 年，24 只大熊猫被赠送给美国、日本等 9 个国家的动物园。

  20 世纪 80 年代以后，中国陆续以合作研究的方式，与美国、日本、英国、俄罗斯等 18 个国家的 22 个动物园开展大熊猫保护合作研究。这些保护合作研究促进了国际学术和科研交流，推动了中外文化交融和人文交流。

拯救未来

大熊猫的可爱，与中国人民在审美、文化、性情上有着强烈的契合感。从北京亚运会吉祥物"盼盼"，到北京奥运会福娃之一"晶晶"，再到北京冬奥会的"冰墩墩"，大熊猫可谓世界公认的中国形象"代言人"。央视网打造的全时段直播熊猫频道 (iPanda)，收获了全球无数粉丝。

大熊猫的受威胁程度由濒危 (EN)降为易危 (VU)，是野生动物保护工作中少有的振奋人心的例子。这也证明了，只有用心保护，才能获得有效的成果。我们可以以大熊猫为中心，辐射至其他物种，像爱护大熊猫一样爱护其他可爱的生命。

熊猫本尊
——小熊猫

世界上仅有的两种熊猫之一，和大熊猫一样以竹子为主要
食物，可它并不是"小"的大熊猫。

中文名　小熊猫

英文名　Red Panda

拉丁名　*Ailurus fulgens*

家族　食肉目，小熊猫科，小熊猫属

昵称　红熊猫，火狐，九节狼

荣誉称号　熊猫本尊

现存野生种群规模　1999 年中国估测有 3,000~7,000 只，近十年无系统调查数据

保护级别　IUCN 濒危（EN），CITES 附录 I，国家二级保护野生动物

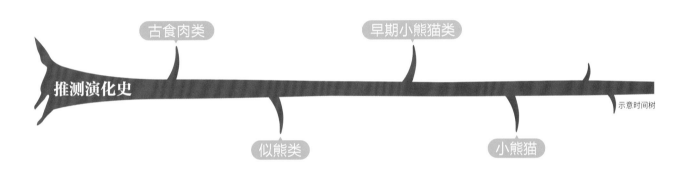

推测演化史

古食肉类　　早期小熊猫类

似熊类　　小熊猫

示意时间树

喜欢甜食，对苹果情有独钟，偶尔也偷个鸟蛋、抓只昆虫打打牙祭。

我的形象我做主

小熊猫体长 40~70 厘米，体重 5 千克，天生丽质，体形圆润。背部毛色为红棕色，眼眶、两颊、嘴周围和胡须都是白色。天生娃娃脸，面部短，近似圆形；头也圆，耳朵大而突出，边缘为白色。四肢短而粗，都具五趾，爪能伸缩。尾长 30~50 厘米，呈蓬松状态，有棕红色与沙黄色相间的环纹。

求生本领

作为世界上仅有的两种熊猫之一，小熊猫和大熊猫都以竹子为主要食物，但小熊猫并不是"小"的熊猫。它们生活在喜马拉雅地区和横断山脉，以树洞、石洞和岩石缝为家，性情温和，最爱睡懒觉，十分爱干净。它们善于攀爬，往往能爬到高而细的树枝上休息或躲避敌害。在天寒地冻的日子里，它们喜欢趴在向阳的山崖或大树顶上晒太阳，人送外号"山门蹲儿"。箭竹的竹笋、嫩枝和竹叶是它们主要的食物。它们特别

独一无二的秘密

▷ 平均寿命 8 岁

▷ 外表像极了猫，但体形比猫略大

▷ 喜欢独居生活，只在交配季节相互靠近

▷ 尾巴几乎和身体一样长

▷ 不喜欢水，通常在树上休息

▷ 会在感到威胁时做出投降的造型来吓唬对方

谁在威胁它们

早在 1825 年，法国动物学家弗列德利克·居维叶首次描述并命名了小熊猫，而且将其誉为"自己见过最美丽的动物"。那个时候，小熊猫的英文名字就是 Panda（熊猫）。1869 年，科学家发现了另一种更大的熊猫，于是就把 1825 年发现的熊猫改称为"小熊猫"或"红熊猫"，而把后来发现的熊猫称为"大熊猫"。

和众星捧月的大熊猫不同，小熊猫正在悄无声息地走向灭绝。2015 年，IUCN 将小熊猫的濒危等级由易危（VU）调整为濒危（EN）。次年，大熊猫的濒危等级从濒危（EN）降至易危（VU）。正所谓"熊"出"猫"没，岌岌可危，对小熊猫采取保护措施已经刻不容缓。

小熊猫的主要受胁因素包括栖息地丧失、破碎化和退化，还有非法捕猎及走私等。小熊猫的皮毛颜色亮丽，因此盗猎者就打上了它们的主意。除了获取皮毛，更有一些不法分子打着"爱动物"的幌子，私自圈养活体小熊猫。在过去 20 多年里，小熊猫种群数量下降了 50%。

谁在保护它们

国际上，每年 9 月第三个星期六，是"国际小熊猫日"（International Red Panda Day）。中国也建立了 46 个保护区，覆盖了全球大约 65% 的小熊猫栖息地。保护小熊猫及其栖息环境，除了需要政府机构、科研单位和社会组织强有力的支持外，还需要大众的广泛参与，提高小熊猫的知名度和曝光度。

国门救援

中国海关采取有力措施，严厉打击小熊猫等濒危物种及其制品走私，取得了显著的成效。

2019 年，4 人因非法收购、运输、销售 2 只小熊猫被抓获。2022 年 2 月，在"12·3"特大危害珍贵、濒危野生动物案中，15 名犯罪嫌疑人因非法收购、贩卖 18 只川金丝猴、17 只小熊猫被抓获。

拯救未来

　　"万物各得其和以生，各得其养以成。"保持生物多样性是人类生存和发展的重要基础。小熊猫和大熊猫一样敏感脆弱，有着相对较长的繁殖周期和较低的繁殖率，且幼仔死亡率较高，一旦种群数量衰退，将难以恢复。同为"活化石"，小熊猫也应该受到保护和重视。

　　在中国，驯养、繁殖和利用濒危野生动物，均需获得有关部门的许可。如果你在营业场所看到了可爱的小熊猫，却没有看到明显张贴的许可证，心底应该打一个问号，或许你正被盗猎者及其帮凶环绕，还在不知不觉中奖赏了罪恶。拒绝饲养小熊猫和拒买小熊猫毛皮及制品，并不难。不要让它的可爱，成为它的负担。我们应像重视大熊猫一样重视小熊猫，助它们达成"红"愿，生生不息，"熊"踞高原。

03/43

太阳的后裔
——马来熊

娇小的身躯、长长的舌头，胸前的链子金光闪闪，派头十足。

中文名　马来熊

英文名　Malayan Sun Bear

拉丁名　*Helarctos malayanus*

家族　食肉目，熊科，马来熊属

昵称　太阳熊，小狗熊，小黑熊

荣誉称号　世界上体形最小的熊

现存野生种群规模　已知成年个体种群数量持续下降，对整个野生种群数量缺乏科学有效的估计

保护级别　IUCN 易危（VU），CITES 附录 I，国家一级保护野生动物

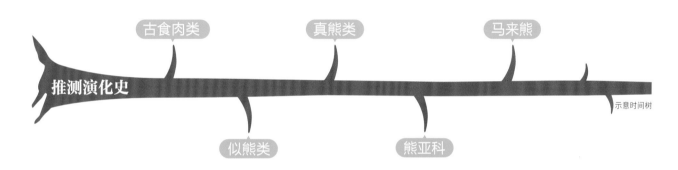

推测演化史 古食肉类　真熊类　马来熊　似熊类　熊亚科　示意时间树

我的形象我做主

说起体形最小的熊，可能很多人会想到小浣熊，但小浣熊其实属于浣熊科！熊科动物中体形最小的非马来熊莫属。

马来熊体长 110~150 厘米，体重 27~75 千克，全身黑色，前胸通常点缀着一块显眼的"U"形斑纹，呈浅棕黄或黄白色，像戴着一串大金链子。因为"U"形斑纹看上去像日出时金色的阳光，马来熊也被称为"太阳熊"。马来熊脚掌向内侧，爪钩呈镰刀形，使其成为当仁不让的爬树专家。

求生本领

马来熊主要分布在东南亚和南亚一带，在中国云南和西藏地区也有少量分布，为典型的林栖动物。由于长期生活在高温环境中，它们体毛短而稀疏，有助于散热，也十分怕冷。

马来熊为杂食性动物，不挑食，树叶、果实、昆虫等，基本上有什么吃什么，食物短缺时也会吃其他动物吃剩的腐肉。不过它们最喜欢的还是甜食，尤其是蜂蜜，长长的舌头可以帮助它们更好地取食蜂蜜，身上的短毛则像铠甲，让它们无惧蜜蜂的攻击。

马来熊喜欢在夜间活动，白天则悠闲地躺在小窝中，怡然自得地享受日光浴。为了不被外界打扰，它们通常将巢穴建在高高的树杈上，颇有一种隐士的沉静风度。

独一无二的秘密

▷ 胸斑看起来多了几分威猛劲儿，但其实性情胆小

▷ 唯一不冬眠的熊亚科动物，或许是因为在冬天也有充足的食物来源

▷ 舌头很长，最长可达 30 厘米，是其体长的四分之一

▷ 对爱情专一，两只马来熊一旦"结为夫妻"，至死不渝

谁在威胁它们

马来熊种群主要面临两大威胁：森林砍伐和非法狩猎。这两种威胁因素广泛存在于马来熊的整个分布区，导致马来熊的种群数量正在快速下降。

森林砍伐使得马来熊的栖息地遭到严重破坏，尤其是在东南亚地区。例如，作为全球主要的棕榈油生产国，印度尼西亚和马来西亚有着很高的森林砍伐率，这对严重依赖森林栖息地的马来熊而言，简直是灭顶之灾。

另外，受商业利益的诱惑，在马来熊分布的不少地区，一些不法分子使用专门的圈套对其诱捕，不断偷猎、贩卖熊掌和熊胆。

人熊冲突引发的捕杀也是一种潜在的威胁。例如，在东南亚的婆罗洲，人们认为马来熊会破坏当地的经济作物，因此想方设法捕杀这种动物，人熊冲突不断升级。

谁在保护它们

东南亚很多国家已经建立了自然保护区，并通过
人工繁育来扩大马来熊的种群数量。例如，马来西亚
在沙巴州的山打根地区设立了婆罗洲马来熊保育中心
（Bornean Sun Bear Conservation Centre），以保护
濒临灭绝的马来熊。

在中国，马来熊野外种群数量极少，已被列为国
家一级保护野生动物。除了制定一系列法律法规，开
展广泛的宣传教育外，中国也建立了马来熊保护区，
如云南省绿春县黄连山国家级自然保护区，为马来熊
提供了有利的栖息环境，满足了其日常生活、繁殖等
需求。

国门救援

近些年来，中国海关在打击野生动植物走私违法
犯罪领域开展了大量工作，侦办了包括熊掌在内的多
起走私案件，取得了良好的社会效果。例如，2018 年，
济南海关截获 1 件从马来西亚走私入境的马来熊股骨。

拯救未来

马来熊可以对栖息地的生态环境作出不小的贡献：喜欢吃水果，可以将未消化的种子撒播到很远的地方；挖食蚯蚓、马陆等小型无脊椎动物，有助于增强植物根系的呼吸作用，促进森林生态系统的物质循环。

马来熊本应是在热带森林里玩耍嬉戏的自由生灵，但因为一些不法分子的偷猎和破坏栖息地的行为，以及对马来熊所带来的生态价值的忽视，导致这个伶俐、矫健的物种数量变得少之又少。

我们可以从自身做起，向公众普及马来熊的生态价值，保护好马来熊赖以生存的家园，支持对盗猎者、走私者的严惩，拒绝熊胆制品和熊掌，拒绝将马来熊幼崽作为宠物豢养。

04 / 43

"熊"霸天下

——亚洲黑熊

浑圆的身材，无穷的力量，黑亮的毛发，满满的责任感，
还有一颗温暖而善良的心。

中文名	亚洲黑熊
英文名	Black Bear
拉丁名	*Ursus thibetanus*
家族	食肉目，熊科，熊属
昵称	狗熊，月牙熊，黑瞎子
荣誉称号	森林精灵，游泳健将
现存野生种群规模	中国约 28,000 头
保护级别	IUCN 易危（VU），CITES 附录 I，国家二级保护野生动物

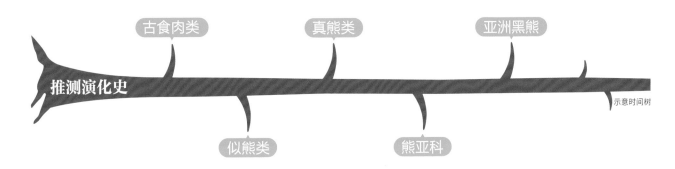

推测演化史

古食肉类　真熊类　亚洲黑熊

似熊类　熊亚科

示意时间树

我的形象我做主

　　成年亚洲黑熊身长 120~170 厘米，高 50~100 厘米，尾巴较短，体重 140~220 千克。亚洲黑熊脑袋宽阔，嘴巴短小，鼻端裸露，耳朵圆大，眼睛小且视力不好，被称为"黑瞎子"。四肢发达，行动笨拙，但爪子锋利。全身覆盖黑色发亮的体毛，胸中部和前肩具有一道"V"形的白色月牙状条纹。足垫厚实宽大，能平稳行走于崎岖的土路，也能轻松穿越狭窄的悬崖小径。亚洲黑熊虽然带给大家的是一副憨憨的形象，却拥有常人难以想象的生存智慧。

求生本领

　　亚洲黑熊主要栖息在海拔 2,000 米左右的竹林、常绿阔叶林、落叶阔叶林或针阔混交林中。亚洲黑熊虽然"熊高马大"，却以素食为主，日常饮食菜单囊括了竹笋、松子、橡籽、浆果、苔藓、蘑菇等美味。偶尔也会改善一下伙食，如上树掏挖蚁窝、鸟窝及马蜂窝，或者下地掘鼠洞捉老鼠，以满足自身生长、发育与繁殖所需的营养。

　　亚洲黑熊喜欢散漫的生活，在冬季会寻找洞穴冬眠，南方亚洲黑熊甚至不一定进入冬眠。亚洲黑熊冬眠时进入半睡半醒的状态，代谢水平降至最低，依靠体内储存的"秋膘"度过漫长的冬季。

独一无二的秘密

▷ 平均寿命约 30 岁

▷ 孕期 7~8 个月

▷ 喜欢偷食蜂蜜

▷ 虽然看起来笨重，但其实善于快速爬树和游泳

▷ 爱洗泥浴是为了防晒和防止蚊虫叮咬

▷ 若遇到湍急的溪流，还能轻松游泳渡水

▷ 喜欢漫游，走走停停，也喜欢躺卧于石台上享受阳光

谁在威胁它们

20世纪中后期，随着经济发展与人口数量猛增，亚洲黑熊栖息环境受到严重破坏。森林乱砍滥伐、土地过度开垦、矿山过度开发、基础设施无限扩建等，造成亚洲黑熊的栖息地丧失、破碎化和退化。这对需要一定活动空间的熊家族来说，无疑是一场巨大的灾难。尤以森林乱砍滥伐对亚洲黑熊的威胁最为严重，大量阔叶林与针阔混交林遭受毁灭性破坏，使它们的食物与生存空间无法得到有效保障，亚洲黑熊只能过着食不果腹、居无定所的生活。

曾有一段时间，非法猎捕也是亚洲黑熊数量骤减的重要原因。不法分子以蜂蜜为诱饵，做成土制炸弹，捕猎亚洲黑熊，手段非常残忍。

谁在保护它们

2000年之后，中国中西部地区相继实施了天然林保护、退耕还林、退耕还草政策，当地林业资源得到了有效恢复与壮大。此外，随着科学研究的不断深入，地方政府能够合理、科学地规划与利用当地的森林资源，最大限度地保护好亚洲黑熊赖以生存的栖息地环境。随着中国对生态保护投入力度的加大，特别是聘用当地居民作为生态护林员的举措，使得亚洲黑熊等野生动物的各项保护措施真正落地。

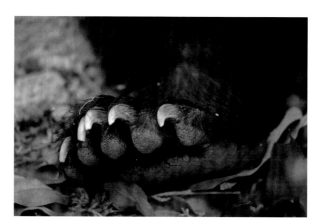

国门救援

　　中国海关始终全力以赴，高压严打，查获多起重大非法贩卖熊类制品（含亚洲黑熊）的典型走私案件。2019 年 12 月，哈尔滨海关所属绥芬河海关缉私局与相关部门联动，破获一起包含熊掌 214 只、熊胆 10 个等珍贵野生动物制品走私案。

拯救未来

　　如何在亚洲黑熊的野外保护和可持续利用之间取得平衡，是值得社会管理者和大众思考的一个问题。作为社会大众的一员，我们要积极行动起来：督促政府部门加大对亚洲黑熊的保护力度；积极参加相关保护活动，为亚洲黑熊发声，为自然代言；改变自己的消费方式，消费对自然友好的产品；用行动捍卫法律，发自内心去保护可爱的森林精灵——亚洲黑熊。它们必将在多姿多彩、春意盎然的大地上不断地繁衍生息。

森林之王
——虎

身姿威武，咆哮霸气，地表最强猎手。

中文名	虎
英文名	Tiger
拉丁名	*Panthera tigris*
家族	食肉目，猫科，豹属
昵称	老虎，小脑斧，大虫
荣誉称号	森林之王，百兽之王
现存野生种群规模	世界范围内 3,726~5,578 只（IUCN 数据）、约 4,700 只（2022 年第二届国际老虎保护论坛数字）
保护级别	IUCN 濒危（EN），CITES 附录 I，国家一级保护野生动物

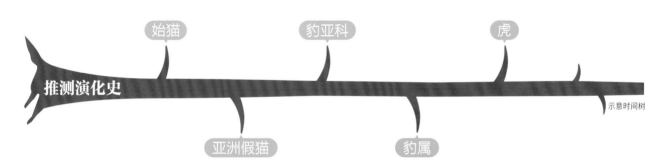

推测演化史

始猫　　豹亚科　　虎

亚洲假猫　　豹属

示意时间树

我的形象我做主

虎是最大的猫科动物之一，能与它竞争头名的只有狮。相比而言，虎的脑袋要小一些，但身长和体重都更胜一筹，成年雄性身长可达 2.7~3.1 米，体重达 80~300 千克。

虎有着橙黄色的亮丽皮毛和标志性的黑色斑纹，斑纹在额头上聚集，形成一个类似"王"字的形状。现存的 6 个虎亚种中，数量最多的是分布于南亚的孟加拉虎；苏门答腊虎体形最小；位于俄罗斯远东和中国东北地区的西伯利亚虎（中国称为东北虎），是体形最大的虎，目前记录到最大的一只，体重达到惊人的 384 千克；中国特有的华南虎，个头中等，形象相对清秀，是目前所有亚种中最古老的。

求生本领

虎偏爱有森林的低地或者相对平缓的山地，从印度次大陆沿喜马拉雅山向东，到中南半岛、马来半岛和苏门答腊岛，再到中国南方和东北以及俄罗斯远东地区，从热带雨林到亚热带常绿阔叶林，到温带落叶阔叶林、寒温带针叶林，几乎都是虎的家园。

虎有着猫科动物中最为显著的领地行为，可以说是"家大业大"。例如，一只成年雄性东北虎在北方的家域面积可达到 800~1,000 平方千米。为维持这么大的"家业"，虎会通过频繁的标记行为来避免不必要的接触，通常就是利用尿液、粪便，此外还有"挂爪"行为，以便能很容易地被其他虎看到。

作为森林之王，虎称得上是"地表最强猎手"，陆地上几乎所有大中型动物，都在虎的食谱上。当然，

不同的虎亚种，饮食习惯也有些差异。不过总的来说，它们最钟爱的还是鹿、野猪等，大概因为其营养更丰富，口感也更好。

独一无二的秘密

▷ 善于隐藏自己，金黄的底色与阳光融合，很容易把自己隐藏起来，伺机捕食

▷ 食物清单上既有食草动物，也有食肉动物

▷ 尽管在动物园很常见，却是目前濒危程度最严重的猫科动物

▷ 会尽力避开人类，尽管也曾出现在村庄，但通常会在晨昏和夜间活动

谁在威胁它们

在 20 世纪之前，虎的分布范围还很广，数千公里的栖息地几乎完全相连。然而，20 世纪短短 100 年间，虎的种群数量经历了毁灭性的衰减，从世纪初大约 10 万只，骤降至世纪末的 5,000~7,500 只。21 世纪以来，这个数字仍在持续下降，数量最少时，仅剩 2,000 多只。虎的 3 个亚种——巴厘虎、爪哇虎、里海虎（也叫"新疆虎"），就是在这段时间相继灭绝的。虎的栖息地面积也已减少至不足历史栖息地的 5.9%，并且还在持续减少。

对虎的猎物的猎捕，以及对森林的大规模砍伐，使虎既失去了家园，也没了食物来源，种群数量灾难性地衰减。

虎的一些栖息地破碎化程度十分严重，比如某些东北虎栖息地，被人为地分隔成不同的区域，影响了虎的迁移扩散。

对虎的盗猎和非法贸易，同样是虎走向濒危的幕后黑手，这些非法行为虽然已经受到严厉打击，但在一些国家仍然没能得到有效的控制。

谁在保护它们

1975 年，虎被列入 CITES 附录 I。1993 年，中国禁止虎骨入药，并将其从《中国药典》中删除。2018 年，中国再次出台"三个严禁"，禁止虎及其制品的一切商业性利用和交易行为，为打击虎的偷猎和非法贸易奠定了牢固的政策基础。

2010 年，全球所有虎分布国政府首脑齐聚俄罗斯圣彼得堡，召开"全球老虎峰会"，制定了 2022 虎年全球野生虎种群数量翻倍的宏伟目标。

正是由于全世界的重视，虎保护迎来了前所未有的机遇，也的确取得了显著的成效。2016 年统计数据显示，全球野生虎数量自 1900 年以来，首次出现上涨的趋势。对比 2010 年的 3,200 只，2016 年已恢复至 3,890 只。2022 年，又一个虎年，第二届国际老虎保护论坛在俄罗斯符拉迪沃斯托克（海参崴）举行，论坛统计全球老虎数量为 4,700 多只。尽管尚未达到翻倍的目标，但这个趋势是鼓舞人心的。中国境内的东北虎种群数量也从 1998 年的 9~12 只逐步恢复到 2022 年的约 60 只，趋势向好。

2021 年 10 月，中国政府正式批复成立东北虎豹国家公园，将破碎化的东北虎栖息地全部划入保护范围，有望建立一个完整、相互联通的高质量栖息地，为东北虎种群逐步恢复提供了美好家园。

国门救援

中国海关近年来在打击老虎等濒危动物及其制品走私方面取得了显著成绩。

2019年4月，根据海关总署统一部署，青岛海关会同南宁海关等多个部门，打掉一个自中越边境地区将虎皮、象牙、犀牛角等濒危动物制品走私至境内的犯罪团伙，抓获15名犯罪嫌疑人，现场查获虎皮4张、虎骨10.9千克、虎牙8枚等。

2019年9月，拱北海关与南宁海关开展联合查缉行动，查获整张虎皮、犀牛角、狮骨、象牙等濒危动物及其制品300余件，一举打掉7个走私团伙，抓获涉案人员40名。

2021年5月，哈尔滨海关所属绥芬河海关缉私分局成功破获一起走私珍贵动物制品案，查获虎骨212块、羚羊角200根。

拯救未来

　　虎作为勇猛、威严、正义的象征，被看作百兽之王，也是古老传说中的神兽。人们既害怕虎，又喜爱虎，最终演变为敬畏虎。这是从人与虎不间断的互动中产生出来的复杂情感。

　　虎在某种程度上，其实就是自然力量的化身。人类既要合理利用自然资源，也必须敬畏自然。这既符合中庸之道，也是老百姓务实的生存之本。它实际上也是古代中国生态平衡的客观结果。

　　我们应该从现在开始，拒绝消费虎骨、虎皮等一切虎制品和不可持续的森林产品，支持对老虎及其栖息地的保护。像敬畏虎一样，敬畏自然。重新建立并为子孙后代留下一个与虎共存的美好世界。

06/43

"猫"生赢家
——豹

身材虽小，资质最老，既会游泳，又会爬树，四大猫科动物之一。

中文名	豹
英文名	Leopard
拉丁名	*Panthera pardus*
家族	食肉目，猫科，豹属
昵称	豹子，花豹，金钱豹，文豹
荣誉称号	"猫"生赢家
现存野生种群规模	数据缺乏，但总体呈下降趋势
保护级别	IUCN 易危（VU），CITES 附录 I，国家一级保护野生动物

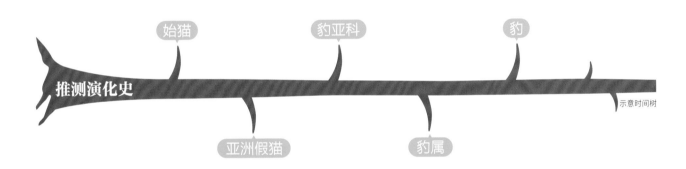

推测演化史

始猫　豹亚科　豹

亚洲假猫　豹属

示意时间树

我的形象我做主

　　成年豹体长 100~150 厘米，体重 50~100 千克。豹为中型食肉兽类，头圆、耳短、四肢强健有力、爪锐利、伸缩性强。大多是一身金黄色的毛发上披着圆形或椭圆形的梅花状图案，但为了适应环境，不同地区的豹外表存在一定差异，比如热带稀树草原的花豹毛色更偏淡黄褐色，而沙漠里的豹要更偏棕黄色。同时，豹的种群中也存在稳定的黑色个体，尤其是那些生活在森林中的种群，常被称为黑豹。

求生本领

　　豹可能是猫科动物里最不"娇气"的一种了，从撒哈拉以南地区到俄罗斯远东地区，从海拔 100 米的低地到海拔 3,000 米的高山都有分布，能完美地适应山地森林、丘陵灌丛、荒漠草原等多种环境。在中国，豹常被称为金钱豹。除台湾、海南和新疆等少数省份之外，豹曾经在各地都有分布。

　　得益于豹的优秀夜视能力和昼伏夜出的习性，豹的夜生活要比白天更加热闹。豹的爬树技能也极其优秀。豹的交流主要依靠气味、声音，特别是声音。豹和虎、狮都属于"吼叫大猫"，可以发出大型猫科动物特有的吼叫声。

独一无二的秘密

▷ 平均寿命 10~20 岁，孕期约 96 天

▷ 奔跑能力出众，时速可达 80 千米

▷ 食谱是所有猫科动物中最丰富的

▷ 会将猎物搬到树上储存起来，防止被其他肉食动物抢走，在猫科动物里只有豹如此聪明

▷ 叫声更像"喵喵"而不是"吼吼"

▷ 大多是独居，没有被"恋爱对象"纠缠的困扰

谁在威胁它们

由于栖息地遭到破坏，森林乱砍滥伐、非法贸易带来的猎物减少，以及非法盗猎和因捕食家畜导致的人兽冲突和人为报复，豹的分布范围大幅度缩减，甚至已在北非地区完全消失。

20 世纪 80 年代以前，一些地区曾以除害为名而大量捕杀豹，加之栖息环境的改变，这些地区的豹数量剧减，甚至已经绝迹。后因被宣扬有药用价值，豹成了偷猎者的头号目标，遭到肆意捕杀。

谁在保护它们

豹被列入 CITES 附录 I，豹皮及产品贸易仅被限制在撒哈拉以南非洲的 11 个国家的 2,560 个个体。自 2013 年以来，赞比亚、南非和博茨瓦纳均已暂停对豹的狩猎。目前，在索契、大高加索地区和俄罗斯远东地区，正在进行豹种群恢复工作，开展重新引入项目。

在中国，豹是国家一级保护野生动物。中国 474 个国家级自然保护地中有豹分布的保护区就高达 95 个。近年来，随着红外相机应用的不断推广，中国很多地区都记录了豹的身影，其中一些区域的豹种群正

在缓慢恢复。2021 年 10 月，东北虎豹国家公园的成立，更为远东豹的保护提供了强有力的支持。

国门救援

2012 年 3 月，深圳海关所属皇岗海关查获一批珍贵豹皮等珍稀野生动物毛皮及制品。

2015 年 6 月，昆明海关所属腾冲海关在设卡查缉走私工作中，从一辆由猴桥口岸入境的轿车上查获豹皮 1 张，抓获犯罪嫌疑人 1 名。

2021 年 10 月，福州海关所属榕城海关在一件寄自西班牙的邮件中发现了净重 34 克的豹犬牙制品和 7 克象牙制品。

拯救未来

与野生动物和谐共处绝不是一句空话。那么该如何保护豹呢？从长远来看，增加保护栖息地、减少盗猎行为无疑是首选之策。我们应爱护豹的家园，拒绝豹制品，拒绝将豹符号化，共同保护美丽的速度精灵。

雪山之王
——雪豹

健硕优雅的身姿，细长密实的毛发，粗壮温暖的尾巴，颜值、技能值满分，隐居在人迹罕至的寒冷高山，可谓全世界最神秘的"大猫"。

姓名	雪豹
英文名	Snow Leopard
拉丁名	*Panthera uncia*
家族	食肉目，猫科，豹属
昵称	雪大喵，雪山大猫
荣誉称号	雪山之王
现存野生种群规模	4,678~8,745 只，其中中国 2,000~2,500 只
保护级别	IUCN 易危（VU），CITES 附录 I，国家一级保护野生动物

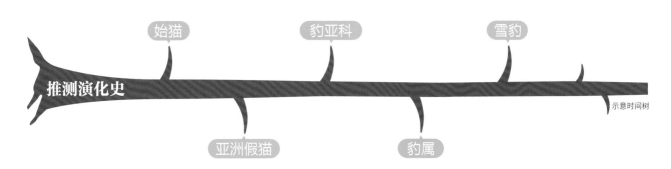

推测演化史

始猫　豹亚科　雪豹

亚洲假猫　豹属

示意时间树

我的形象我做主

　　成年雄性雪豹身长 1.1~1.3 米，尾长 0.8~1.1 米，体重 20~50 千克，雌性体形稍小，但在外形上没有明显差异。全身毛发呈灰白色或烟灰色，有的略带皮黄色，点缀以黑色的斑点，圆圆的脑袋和圆圆的耳朵，大而明亮的眼睛，虹膜略带浅蓝色，再加上高冷的表情，不愧为"雪山大猫"。

　　雪豹的尾巴几乎和身体等长，粗壮有力，不仅可在峭壁间奔跑时帮助身体保持平衡，还能在躺下休息时给身体保暖，是高原最好的"暖宝宝"。雪豹的毛发，不管是长度还是密度，都是猫科动物之最，它们腹部的绒毛最长可达 12 厘米，堪比波斯猫。

求生本领

　　雪豹是亚洲特有物种，只生活在亚洲中部内陆的高山地区。雪豹也是全世界唯一一种主要分布在中国的大型猫科动物，可以说是我们最珍贵的国宝之一。

　　雪豹对环境并不太挑剔，只要有山就行，就是不喜欢平地，海拔太低也不行，可以说是"哪里艰苦就去哪里"，是最具艰苦奋斗精神的动物模范。不管是在四川相对温暖湿润的高山峡谷地带，还是在青海、西藏空气稀薄的茫茫雪域高原，甚至是在新疆、甘肃严寒干燥的戈壁荒山，都能见到雪豹的身影。

　　雪豹是不折不扣的肉食主义者，虽然并不挑食，但岩羊、北山羊、塔尔羊、盘羊等野生动物的肉才是它们的最爱。

独一无二的秘密

▷ 只生活在高原高山地区，是最耐寒的动物之一

▷ 腿部肌肉发达，脚掌宽大，可以在峭壁间行动自由

▷ 趾垫厚实，而且趾间有毛发，走路几乎不发出声音

▷ 过着独居生活，不喜欢热闹，如果有动物或人靠近，它们会提前悄悄离去

▷ 在一些民族传说中拥有独特的地位，甚至被当作"守护神"

▷ 雪豹妈妈在生育和哺乳期间会有固定的住处

▷ 为了巡视领地，每天要走上十几甚至几十千米

▷ 喜欢通过刨坑来标记领地，最高纪录是短短一千米内刨了 235 个坑

▷ 是人类最晚认识的一种猫科动物，也是迄今为止人类了解最少的一种猫科动物

谁在威胁它们

20 世纪 90 年代以前，雪豹曾经遭到严重的盗猎。时至今日，雪豹仍然面临很多潜在的威胁。2016 年，国际野生物贸易研究组织（TRAFFIC）发布的针对全球雪豹犯罪的调查报告指出：2008 年以来，每年有 221~450 只雪豹被非法猎杀，约 21% 是非法贸易驱动的盗猎，而 55% 是人豹冲突导致的报复性猎杀。此外，气候变化对高山生态系统的影响更加严重。这

意味着，如果气候变化的趋势得不到有效控制，雪豹栖息地很可能会变得越来越小、越来越破碎化，阻碍独居雪豹捕食和"找对象"。

谁在保护它们

早在 1989 年，雪豹就被列为国家重点保护野生动物，但直到 2000 年以后，雪豹才开始得到较多的关注。这是由于雪豹过于神秘，研究和保护工作开展都极为困难。直到一些高科技设备，尤其是红外相机的应用，才逐渐为我们揭开了雪豹的神秘面纱。

2005 年，随着中国第一张雪豹照片在新疆天山被拍到，雪豹开始进入公众视野。在那之后，青海、四川、甘肃、西藏……越来越多的地区明确证实了雪豹的分布。

这些发现使得识别雪豹分布区并开展保护行动成为可能。一些保护机构和管理部门也通过小规模试点开展雪豹保护。不过到目前为止，无论在地方层面还是国家层面，针对雪豹的保护政策和体系仍未建立。期待在不久的将来，国家公园及自然保护地体系的推进，能为中国雪豹的保护带来新的机遇。

国门救援

在雪豹及其制品走私方面，中国海关缉私部门始终秉承对该违法犯罪行为的零容忍态度，对犯罪分子严惩不贷，彰显了中国执法部门保护雪豹的决心。

2016年10月，拉萨海关缉私局根据情报布控，当场抓获正在进行非法交易的犯罪嫌疑人。经查，这起案件涉及濒危动植物及制品包括雪豹皮20张、虎皮2张等。

2016年11月，满洲里海关缉私局查获一起雪豹皮走私案件，现场抓获犯罪嫌疑人5名，查获雪豹皮1张以及赃款5万元。

拯救未来

与其他"大猫"不同，雪豹选择了一条与众不同的路，也是异常艰辛的一条路。它们沿着青藏高原一路北上，选择了亚洲中部这个多山高海拔地区作为自己的归宿。雪豹选择的家园，干燥寒冷，气候严酷。

尽管很难见到这些雪域精灵，但我们知道，它们就像"守护神"一样，默默守护着我们的生态家园——青藏高原。我们可以通过参与保护组织发起的"云吸豹""云守护"等活动，在力所能及的范围内支持国家公园和保护区一线巡护员的工作，也可以通过传播雪豹保护知识、举报野生动物伤害和交易行为等方式，共同保护我们的"守护神"。

08 / 43

短跑冠军
——猎豹

陆地流线型代表，短跑冠军。

档 案

中文名	猎豹
英文名	Cheetah
拉丁名	*Acinonyx jubatus*
家族	食肉目，猫科，猎豹属
昵称	极速杀手，闪电
荣誉称号	冲刺速度 No.1
现存野生种群规模	约 6,600 只
保护级别	IUCN 易危（VU），CITES 附录 I

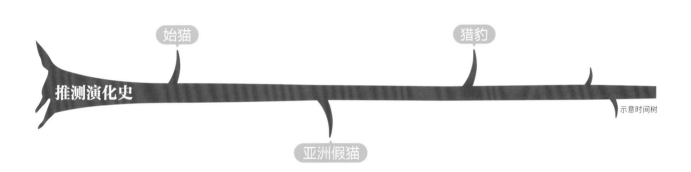

推测演化史

始猫　　猎豹

亚洲假猫

示意时间树

我的形象我做主

　　成年猎豹平均身长 1.0~1.5 米，肩高 0.7~0.9 米，尾长 0.6~0.8 米，重 35~60 千克，雌性体形稍小于雄性，没有很明显的雌雄两态性。猎豹体形修长，鼻子较大，心肺功能很强大，能够持续高效向血液供给氧气。猎豹面部有黑色的泪槽直达嘴角。与其他豹亲戚相比，猎豹的主要识别特征在于身上的斑点是实心的。

求生本领

　　猎豹喜欢猎捕瞪羚、高角羚等中小型羚羊，野兔、鸟类、啮齿类也在猎豹的食谱中，很多情况下，猎豹会猎捕大型食草动物的幼崽。

　　猎豹体形修长，善于快速奔袭，瞬时速度可以达到 110 千米 / 时。高速奔跑时，猎豹长长的尾巴发挥了船舵般的方向调节作用。

　　然而，有优势自然就会有劣势。猎豹只能进行短途的快速奔跑，在这个过程中，猎豹的体温会快速上升，如果连续几次无法捕到猎物，猎豹的身体状态会变得非常虚弱，进入恶性循环。和栖息地内的其他掠食动物相比，猎豹的力量和耐力都不强。如今，猎豹大部分散布于狮子或鬣狗种群不发达且较为干旱的地区，全部猎豹加起来不足一万只，超过半数生活在纳米比亚、博茨瓦纳、坦桑尼亚三国。

谁在威胁它们

威胁猎豹生存的因素主要包括栖息地丧失、猎物丧失、人兽冲突以及盗猎和非法贸易，尤其是以非法宠物贸易为目的对幼崽的猎捕。

猎豹以速度见长，因此需要很大面积的连续栖息地。在有围栏的小型保护区内，狮子和鬣狗会与猎豹竞争，它们甚至会直接杀死猎豹的幼崽。这导致 90% 的猎豹实际上游荡于保护区周边的农牧区域，于是又带来了人兽冲突这个严重问题。猎豹杀死家畜后，农场主往往会进行报复性猎杀。因此，栖息地丧失问题和人兽冲突问题是交织在一起的。

独一无二的秘密

▷ 奔跑起来步幅可达 7 米

▷ 一生大致可以分为三个阶段：从出生到一岁半是幼崽期，一岁半到两岁是青春期，两岁以后是成年期

▷ 平均寿命 10~12 岁，但许多成年猎豹在 8 岁左右会出于各种原因而死亡，严重制约了猎豹种群的恢复

虽然猎豹活体贸易在少数发达国家，在特定情况下是合法的，但在猎豹分布国大多是不合法的，因此所谓的宠物猎豹多数来源于非法活动。据统计，在非法猎捕和运输过程中，每六只幼崽中只有一只能顺利存活到非法买家手中。

谁在保护它们

猎豹被列入 CITES 附录 I，国际贸易仅限非商业目的且只能在极其严格的条件下开展。猎豹目前的合法出口方式只限定于特定国家有配额的活体出口和狩猎纪念品出口两种。

在非洲，大多数分布国都积极参与了非洲猎豹和野狗大范围保护计划（RWCP）。该计划利用 IUCN 物种生存委员会（SSC）的战略规划流程，制订了区域战略和国家保护行动计划。猎豹和野狗因其相似的低密度、大空间需求和生态需求，被结合在这一过程中。这也增大了保护行动的杠杆作用，即以保护一个物种的成本保护两个受威胁物种。

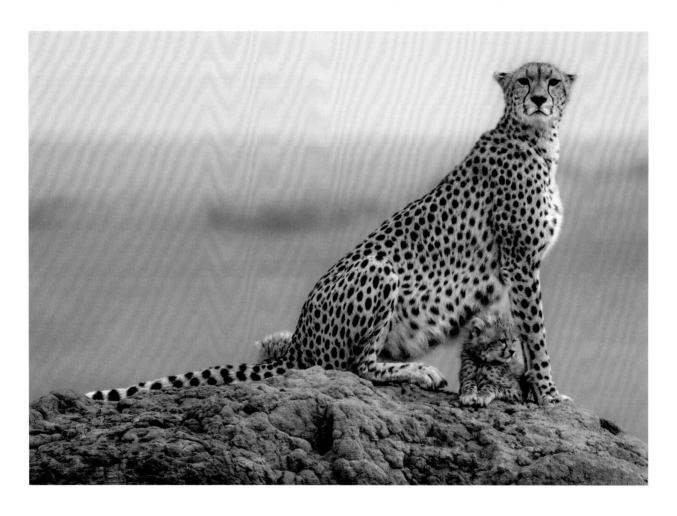

国门救援

　　截至目前，TRAFFIC 的野生动植物贸易信息系统（WiTIS）数据库中记录了 266 起涉及猎豹及其制品的案件，其中活体最多，共有 419 只个体；其次是牙齿 325 颗、爪子 300 个和皮张 147 张，走私地为欧美和海湾国家。

　　中国不是猎豹走私的主要目的地，相关案件数量不多，但中国海关及其他部门持续对中国公民加强野生动物保护宣传教育，增强人们的动物保护意识。

拯救未来

　　奔跑，是猎豹的本能。它们最擅长的技能，不应该被人为地长期抑制，这并不是真正的爱。

　　让猎豹去自由地奔跑吧，给它们安心捕猎、进食的空间吧。让我们和猎豹都按自己喜欢的方式自由自在地生活，不是更好吗？

09
43

爬树能手
——美洲狮

有着狮子的威名、豹的身材、猫的爪子，是天生的运动健将，一生放荡不羁爱自由。

中文名	美洲狮
英文名	Puma
拉丁名	*Puma concolor*
家族	食肉目，猫科，美洲金猫属
昵称	山狮，美洲金猫
荣誉称号	会爬树的"狮子"，印第安魔鬼，红虎，银狮
现存野生种群规模	约 140,000 头
保护级别	IUCN 无危（LC），CITES 附录 I

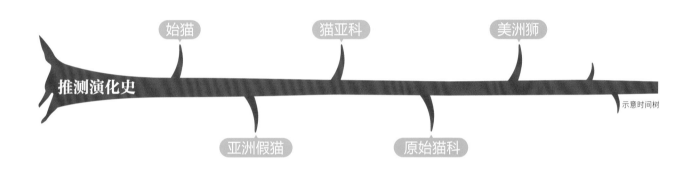

推测演化史

始猫　猫亚科　美洲狮

亚洲假猫　原始猫科

示意时间树

求生本领

美洲狮是西半球南北分布范围最广的陆地哺乳动物，森林、林地和灌丛、稀树草原、植被稀疏或者多岩石的沙漠，以及猎物充足、适宜栖居的乡村和城郊地区，都是美洲狮的栖身之所。

美洲狮热爱美食，小到蚱蜢，大到重达 400 千克的成年雄性加拿大马鹿，都是美洲狮的美味。菜单里有 30 多种野生肉食动物。

美洲狮爱运动，游泳、爬树、跑步和跳跃都是美洲狮的特长，奔跑时速可达 50 千米。从十多米高的树上或悬崖上跳下，轻而易举！

独一无二的秘密

▷ 没有明确的繁殖季，爱情可以在任何时间降临，幼崽可以在任何季节出生

▷ 雄狮潇洒自由，婚姻中却是典型的"渣男"！热情只能维持短短两周

▷ 平均寿命 15~20 岁

▷ 运动能力出众，在美洲仅次于美洲虎，却有温顺的性格

我的形象我做主

与生活在亚洲和非洲的狮不同，美洲狮是独立的物种，它们并非"狮子"。美洲狮体形比狮小，没有鬃毛，但有锋利的爪子，并且可以爬树，有时会把没吃完的猎物挂到树上。雄性美洲狮体长 1.02~1.54 米，雌性体长 0.86~1.31 米，身材大小常常受到纬度、气候和猎物数量的影响。毛发呈浅褐色或深褐色，也有砖红色，没有花纹。身材匀称，四肢修长，头大而圆，吻部较短，与非洲狮大不相同。

谁在威胁它们

　　美洲狮一生放荡不羁爱自由，到处都是容身之处。随着人类住宅和商业开发，农林牧业和水产养殖业等发展，公路铁路纵横交错，美洲狮的领地受到了不同程度的破坏。美洲狮大片的领地被分割成零零散散的"孤岛"。

　　生存还是毁灭，由不得美洲狮选择。捕猎家畜一旦被发现，甚至会引来报复性猎杀。1890—1990 年，在北美有 53 起人狮冲突事件；到 2004 年，人狮冲突事件已经攀升至 88 起。

谁在保护它们

虽然美洲狮的分布地在北美洲和南美洲的大部分地区是连续的，但在北美洲东部地区已经找不到美洲狮的任何成员，拉丁美洲的美洲狮也已经撤出 40% 的分布区域。

2008 年，美洲狮被列入 CITES 附录 I（仅限美国佛罗里达州、尼加拉瓜至巴拿马种群），其余种群被列入 CITES 附录 II，在阿根廷、加拿大、墨西哥、秘鲁和美国（除加利福尼亚州和佛罗里达州）可合法狩猎。2015 年，美洲狮被 IUCN 评估为无危（LC）。

国门救援

近年来，美洲狮成为商业市场上的宠儿，大到标本，小到皮毛、头骨、牙齿，甚至是活体，都成为走私的对象。

根据 TRAFFIC 的 WiTIS 数据库统计，2010—2021年，全球共有 44 起美洲狮走私案件，排在前三位的是美国（18 起）、阿根廷（9 起）和西班牙（8 起），查获物包括 75 千克肉、54 个牙齿和 34 个活体。目前美洲狮的非法贸易主要集中在美洲和欧洲。

2019 年 4 月，厦门海关所属厦门邮局海关关员在对进境邮件实施 X 光机扫描查验时，发现一个来自秘鲁的邮件过机图像中有绿色动物角骨类制品。经查，关员发现动物牙齿 9 枚，重 195 克。经鉴定，这 9 枚动物犬齿均为美洲狮狮牙。

拯救未来

　　虽然有"狮子"的威名，但是美洲狮很容易与人类相处。在北美，有美洲狮成为宠物的个别例子。但是，潇洒不羁、爱爬树的狮子，怎会安于方寸之地？更何况，狮子不是家猫，没有经过在人类环境中的世代演化，免疫系统适应的是森林旷野，而非繁杂的人类环境。

10/43

荣耀石

——狮

力与美的化身，草原的王者，荣耀石的主人。

中文名	狮
英文名	Lion
拉丁名	*Panthera leo*
家族	食肉目，猫科，豹属
昵称	狮子，草原霸主，金毛狮王，辛巴
荣誉称号	头最大的猫科动物
现存野生种群规模	23,000~39,000 只，呈下降趋势
保护级别	IUCN 易危（VU），除印度种群（即亚洲狮）属于 CITES 附录 I 外，其余种群均属于 CITES 附录 II

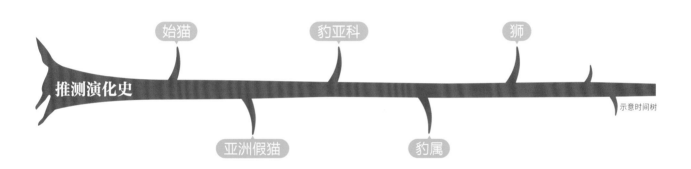

推测演化史

始猫　豹亚科　狮

亚洲假猫　豹属

示意时间树

我的形象我做主

狮是唯一一种展示出雌雄两状性的猫科动物，雄性有鬃毛，而雌性没有。成年雄狮平均体重 180~220 千克，成年雌狮平均体重 130~200 千克，前足有 5 趾，后足有 4 趾。非洲种群的体形比亚洲种群大，鬃毛也更为浓密。雄狮在 3 岁之前颈部鬃毛明显比肩部鬃毛长且深，之后颈部鬃毛和肩部鬃毛长度和颜色趋同，胸部鬃毛颜色变深，5 岁以后，肩部被鬃毛完全覆盖。

求生本领

狮广泛分布于非洲大陆，除了撒哈拉沙漠、热带雨林中心以及海拔 4,200 米以上地区，其余均属狮子的栖息地。现有栖息地面积 160 多万平方千米，但这仅占狮子历史分布区面积的 8%。

狮是高度社会性的动物，雌狮群一起出动狩猎，不仅可以猎捕水牛和各种羚羊，还是唯一一种具备猎杀非洲象和长颈鹿等大型食草动物能力的掠食动物，是当之无愧的非洲顶级掠食者。狮子的分布密度不仅对于食草动物有影响，对于猎豹和鬣狗等食肉动物也有影响。由于猎捕会耗费巨大精力，狮子一天需要睡很长时间。

独一无二的秘密

▷ 具有发达的犬齿，但臼齿较不发达，吃东西相当
　于囫囵吞枣

▷ 寿命只有 10~14 岁

▷ 可以从狮子鼻子上黑色素沉淀情况来大致判断狮
　子的年龄：3 岁之前，鼻子上出现黑色素沉淀的面
　积小于 15%；4~5 岁时，提升到 25%~50%；8 岁
　以上时，提升到 75% 以上

▷ 狮群里通常母狮负责捕猎，雄狮负责看家，保护
　家庭不被外敌入侵，是雄狮最重要的责任

谁在威胁它们

　　威胁狮子生存的因素主要包括栖息地丧失、猎物不足、人狮冲突相关的报复性杀害、盗猎以及非法贸易等。这些因素相互交织在一起，持续影响着狮子的生存状况。

　　其中，人狮冲突相关的报复性杀害和盗猎是影响狮子种群存续的重要原因，前者往往在狮子分布国不会受到太严厉的处罚。随着人类社区和农牧业的扩张，狮子生存的范围变得越来越小。

　　疾病也是威胁狮子生存的一个重要因素。南非克鲁格国家公园的狮子普遍患有肺部疾病，这种疾病来自其主要食物，即非洲水牛。肺部疾病严重影响了狮子的奔跑和捕猎能力，从而影响到了狮群的存续。

谁在保护它们

IUCN 将狮子的濒危等级列为易危（VU）。CITES 将亚洲狮列入附录Ⅰ，将非洲狮列入附录Ⅱ。

刚果（金）、加蓬、肯尼亚、印度等狮子分布国纷纷采取了多维度的保护措施，包括建立国家公园、保护食草动物的栖息环境、缓解人兽冲突、颁布禁猎令等。

在某些非洲分布国，当地的政治稳定性是保护举措能否贯彻下去的一大挑战。尽管狮子如今被列为易危物种，似乎还不到濒危的地步，但只要种群规模下降的趋势持续一天，危机就存在一天。草原之王目前仍在缓缓滑向濒危的"深渊"。

国门救援

中国海关历来对濒危物种及其制品走私零容忍，狮子制品也不例外。狮子走私主要涉及便于携带的狮牙、狮骨以及狮子皮张。

2019年9月，拱北海关与南宁海关开展联合查缉行动，查获狮骨、整张虎皮、犀牛角、象牙等濒危动物及其制品300余件，一举打掉7个走私团伙，抓获涉案人员40名。

2020年10月，宁波海关缉私部门破获一起走私珍贵动物制品进境案，现场查获狮子牙2颗、虎牙1颗。

拯救未来

站立在岩石上眺望整个非洲稀树草原的狮群，是许多人对狮子这一物种最初的印象，甚至那块石头，都被赋予了"荣耀"的含义。

在许多文化中，狮子都具有很重要的象征意义。即使你没有亲眼见过狮群捕猎的雄壮，但你或许记得"辛巴"，或许看过舞狮，也或许见过古建筑前的石狮子。其实，狮子离我们并不遥远，而它的荣耀也早已与我们的文化相融。我们喜爱"辛巴"，欣赏舞狮的力量，也认同石狮的威严。

今天，"辛巴"需要走出的不是"刀疤"的阴影，而是人类的觊觎。而人类，也需要走出用征服和占有来表达能力的原始模式，建立平和、包容、自信的强大。我们不必拥有猎杀狮子而来的制品，我们心中自有雄狮。我们或许不能亲至非洲大草原一睹王者风采，但可以用充分的知识和技术去提升狮群监测水平，缓和人狮冲突，让失去家园的狮群回到它们原本的栖息地。

"象"往的生活
——亚洲象

在大象家族中比较玲珑，但也有庞大的身躯、长长的门齿，
又萌又有武力值！

中文名	亚洲象
英文名	Asian Elephant
拉丁名	*Elephas maximus*
家族	长鼻目，象科，亚洲象属
昵称	大象，亚洲大象，大可爱
荣誉称号	亚洲地面体形 No.1
现存野生种群规模	48,323~51,680 头，其中中国约 360 头
保护级别	IUCN 濒危（EN），CITES 附录 I，国家一级保护野生动物

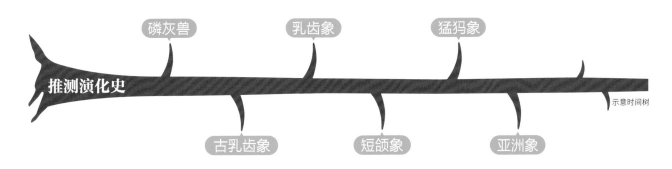

推测演化史

磷灰兽　乳齿象　猛犸象

古乳齿象　短颌象　亚洲象

示意时间树

我的形象我做主

成年雄性身长 5~7 米，肩高 2.4~3.1 米，尾长 1.2~1.5 米，重 2.7~5 吨；成年雌性体形稍小，肤色呈深灰色或棕色，毛发稀疏（但是不秃）。

小眼睛、大耳朵，具备耳遮脖子的特殊技能。与亲戚非洲象相比娇小一点，耳朵也小一些，脑门儿更平，和非洲森林象一样，前脚 5 趾，后脚 4 趾，比非洲草原象每只脚多 1 个脚趾头。

求生本领

亚洲象现栖息地主要在亚洲南部热带雨林、季雨林和稀树草原。

纯粹的素食主义者，食谱主要包含竹笋、嫩叶子、野芭蕉、棕叶芦、香蕉、甘蔗等，一天约 16 个小时都在进食。成年亚洲象一天要吃下 150~200 千克食物才算饱，其中 60% 都排泄出去，还给了大自然。

现在的亚洲象属于"迁徙的 N 代"，祖辈在河北原阳停留过很长时间，后来子孙分散到了广东、广西、福建、浙江、云南等相对温暖的地方。随着人类历史进程的发展和气候变化，亚洲象的栖息地越来越小，现在中国境内只有云南省西部、西南部的少数几个地方可以落脚。天气暖和的时候，象群也会往北边逛游一圈，看看有没有适合安家的地方，历史上曾多次出现野象北返现象。

独一无二的秘密

▷ 平均寿命 65~70 岁

▷ 孕期 16~22 个月

▷ 爱玩水、洗泥浆浴和沙浴，是为了防晒和防止蚊虫叮咬

▷ 既能躺着睡觉，也能站着睡觉

▷ 走路踮着脚，几乎不发出声音

▷ 不喜欢高海拔，至多只能在海拔 1,000 米以下的地方生活

▷ 鼻子是大象的"手"

▷ 用鼻子打招呼问好

▷ 象牙是大象在家族中地位的象征，可以用来获取食物、争夺配偶和保护领地

▷ 只有雄性有长牙，但无牙雄性的比例正在逐渐上升

谁在威胁它们

威胁亚洲象存续的主要因素包括：栖息地丧失、退化和破碎化，人象冲突，以及贸易引发的盗猎。

道路切割的森林、矿坑阻断的山体，对向往自由的大象而言，都是重重障碍。人口的增长、工业的发展，不可避免地增加了人类对于土地的需求。而体形庞大的亚洲象本身就对居住空间和食物资源有较高的需求，人类与野生动物的生境不断地交织重合，人象冲突，在所难免。

此外，象牙制品被不法分子精心包装为"土特产"，以稀有为噱头进行贩卖，在一定程度上加剧了针对亚洲象的盗猎行为。

为了使大象能够从人类的利用中存活下来，1989年，CITES 缔约方大会就禁止了国际商业性象牙贸易，但直至今日，仍不乏铤而走险的不法分子和因为缺乏法律知识而被商贩忽悠、非法携带象牙入境的旅客。

谁在保护它们

通过长年累月的巡查和拯救亚洲象行动、"南方二号行动"等，中国境内已连续 5 年没有发生猎杀和伤害亚洲象的行为。为缓解人象冲突，西双版纳州建立了亚洲象监测预警中心，向野象活动沿途的居民及时发布预警，保证居民安全。如今，长期在西双版纳生活的野生亚洲象数量已从 20 世纪 80 年代的 170 余头发展至约 360 头。

国门救援

中国海关历来对象牙等濒危物种及其制品走私零容忍。象牙镯子、挂坠、手串，这些象牙制品，哪怕只有 1 克，也越过了法律的红线，被法律禁止。近几年，经过持续高压严打，象牙走私猖獗势头已经得到有力遏制，查获走私象牙由 2019 年的 9.2 吨下降至 2021 年的 68 千克。

拯救未来

2021 年年初，北上南归的"短鼻家族"象群吸引了全世界的关注，让抽象的"濒危动物"成了可爱的"大宝贝"，它们的一举一动牵动着人类小伙伴的心。

但是，一个小小的象牙雕件，就会让这一切的努力付诸东流：在小地摊、纪念品柜台前的一次犹豫，就可能抹去一条寄托着期望的生命。有太多的纪念品可以表达一方风俗、承载一段记忆，如果真的爱它们，请选择不以生命为代价的方式，让大象也能过上"象"往的生活。

陆地"巨无霸"
——非洲象

陆地上真正的"巨无霸"，体形再大也坚持吃素。

中文名	非洲象
英文名	African Elephant
拉丁名	*Loxodonta africana*（非洲草原象） *L. cyclotis*（非洲森林象）
家族	长鼻目，象科，非洲象属
昵称	象鼻子，巨无霸
荣誉称号	地球表面体形冠军
现存野生种群规模	400,000 头以上
保护级别	非洲草原象——IUCN 濒危（EN），非洲森林象——IUCN 极危（CR） 除博茨瓦纳、纳米比亚、南非和津巴布韦种群被列入 CITES 附录 II 外，其他种群均 被列入 CITES 附录 I

推测演化史

磷灰兽　乳齿象　非洲象

古乳齿象　短颌象

示意时间树

我的形象我做主

非洲象是现存的生活在陆地上体形最大的哺乳动物类群，其中非洲草原象的成年个体平均肩高可达3.3米，体重可达6吨，体长为5.8~7.3米。非洲草原象的体形大于非洲森林象。通常情况下，雌象和雄象都长有大大的门齿，俗称象牙。象牙虽然可终生不停生长，但也会磨损和断裂。

与亚洲象相比，非洲象的识别特征包括：鼻尖有两个突触，鼻根部有明显环状褶皱，以及尾椎略高于颈椎。

求生本领

顾名思义，非洲森林象住在森林里，非洲草原象住在草原上。非洲草原象也是迁徙动物，它们随着季节的变化，追随植被繁茂的踪迹，甚至一生都在路上。

非洲象广泛分布在撒哈拉以南的37个非洲国家。从近乎沙漠的马里和纳米比亚，到稀树草原地貌的肯尼亚和坦桑尼亚，再到加蓬和喀麦隆为代表的中非和西非赤道雨林，从平原到海拔2,500米，都是非洲象的生存家园。

非洲象通常以家庭为单位活动，一个象群家族有20~30个成员。尊重长辈是非洲象的传统美德，由雌性老祖宗出任家族首领。

独一无二的秘密

▷ 成年非洲象一天能吃 90 多千克食物

▷ 地貌工程师。非洲象的存在，为许多力量弱小的物种提供了生存环境

▷ 许多稀树草原生态系统上的植物种子依赖非洲象来传播和萌发

▷ 没有固定的繁殖季，毕竟在人类打扰之前它们谁也不怕，爱情想来就来

▷ 人不犯我，我不犯人，但万一招惹了它，麻烦可就大了，又能打、又记仇，犀牛也要退避三舍

谁在威胁它们

非洲象种群差异很大，威胁非洲象繁衍存续的主要因素包括非法猎杀、非法象牙贸易、栖息地丧失以及人象冲突等。

经受 1970—1980 年的大规模非法猎杀后，部分非洲象种群数量在随后几十年得到了恢复，但仍有一些种群继续面临非法猎杀压力，处于灭绝的边缘。有组织的盗猎和非法贸易持续威胁着非洲象的生存。人口的扩张以及农牧业的发展，不断改变着土地利用方式，由此导致象群栖息地丧失和退化。这是非洲象在其所有分布区面临的重大威胁，也给人象关系埋下了隐患。

谁在保护它们

CITES 的标识，是由 5 个英文大写字母组成的非洲象形象，这进一步说明了非洲象作为濒危野生动植物代言者的地位。对于这个具有象征意义的物种，

CITES 自 2001 年起正式运行监测非法猎杀大象项目（MIKE）。根据 2021 年 11 月发布的最新报告，从整体趋势上看，2003—2010 年，非洲象面临的盗猎压力持续增加，2011 年达到顶峰，随后 2012—2020 年盗猎压力持续下降，并在 2020 年记录到了有数据以来的最低盗猎压力值。

中国自 2017 年 12 月 31 日起，全面禁止商业性加工销售象牙及其制品活动。中国 CITES 履约机构通过对在非洲国家生活的中国公民加强野生动物保护宣传教育，为非洲象保护作出了应有的贡献。

国门救援

以中国海关为代表的中国执法机构，持续以零容忍态度打击非法象牙贸易，历年来破获了大量非法象牙贸易案件。其中，既有来自非洲本土、绕道第三国的大规模海运集装箱走私案件，又有来自越南等陆路邻国的走私案件，还有来自欧美和日本的小规模游客携带和邮寄案件。对于这些情况，中国海关建立了风险识别体系，根据不断变化的非法象牙贸易案件作案手法，不断调整和完善打击策略。

2019 年，中国海关与相关国家、地区及组织加强协作配合，指引马来西亚、越南、新加坡海关等查获走私象牙11.04吨以及其他濒危物种及其制品。

拯救未来

非洲象是举世关注的旗舰物种，尽管与中国相距万里，但它时刻牵动着我们的心。2014 年，肯尼亚"象王"萨陶被猎杀后取下象牙的相片通过媒体迅速传播，唤起了人们对保护非洲象的共鸣。萨陶作为非洲象的形象代言人，曾吸引了众多喜爱野生动物的游客，为当地的社区经济带来了可观的改变，并且为缓解人象冲突提供了一个示范。

然而，这一切都因盗猎者的一声枪响毁于一旦。以象牙非法贸易为目标的有组织犯罪，不仅危害着非洲象的生存，也威胁到了每一个付出了关注和努力的个体。

在草原、在森林，非洲象不疾不徐地迈开它的脚步，身后的新芽顶开了土壳，角马找到了路途，猫鼬抓住了探头的小蛇。漫漫几十载，这是它的旅程，也是它的使命。让我们用拒绝象牙和象牙制品的方式向它致敬，让我们遥祝这史诗般的生命迎来续章。

来自远古的重铠武士
——亚洲犀

身披重甲，头顶利器，亚洲地面体形 No.2。

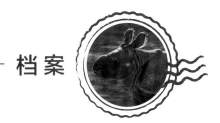
中文名　　亚洲犀

英文名　　Asian Rhinoceros

拉丁名　　*Dicerorhinus sumatrensis*（苏门答腊犀）
　　　　　Rhinoceros sondaicus（爪哇犀）
　　　　　R. unicornis（大独角犀）

家族　　　奇蹄目，犀科

昵称　　　灵犀，独角兽，重铠武士

荣誉称号　亚洲地面体形 No.2

现存野生种群规模　苏门答腊犀——成年个体仅有 30 头，爪哇犀——成年个体仅有 18 头，大独角犀——成年个体有 1,800~2,200 头

保护级别　苏门答腊犀——IUCN 极危（CR），CITES 附录 I；爪哇犀——IUCN 极危（CR），CITES 附录 I；大独角犀——IUCN 易危（VU），CITES 附录 I

编者注：此文中未标注物种名称的图片，物种均为大独角犀。

推测演化史

犀貘　　单角犀　　大独角犀 / 爪哇犀　　亚洲双角犀　　示意时间树

无角犀　　双角犀　　苏门答腊犀

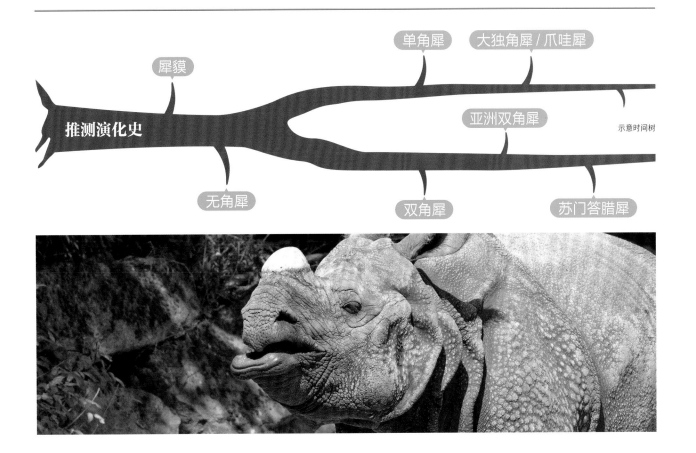

苏门答腊犀

我的形象我做主

亚洲犀共有三种类别——苏门答腊犀、爪哇犀和大独角犀。苏门答腊犀身长 2.0~3.0 米，肩高 1.0~1.5 米，体重 0.6~1.0 吨；爪哇犀身长 2.0~4.0 米，肩高 1.5~1.7 米，体重 0.9~2.3 吨；大独角犀身长 3.0~3.8 米，肩高 1.75~2.0 米，体重 1.8~2.7 吨。

在这三种亚洲犀中，仅苏门答腊犀长有两角，其他两种均只有一角。大独角犀的角既大又长，且表皮有瘤状起伏；爪哇犀的角短且粗，颈部有褶皱，从侧面看呈三角形。

苏门答腊犀

求生本领

苏门答腊犀喜欢热带丛林地貌，对海拔和食物都不太挑剔，热带丛林里的 100 多种植物都是它们的食物。正如其名，苏门答腊犀仅分布于印度尼西亚的苏门答腊岛。爪哇犀主食树叶，也能食草，是三种亚洲犀中食性最宽的一种，广泛取食于 300 多种植物。越南的最后一头爪哇犀在 2010 年死于盗猎。大独角犀则是陆生和水生植物通吃。不在陆地进食时，它们喜欢将身体浸没于水中，野外仅分布于印度和尼泊尔，因此也被称为印度犀或尼泊尔犀。

117

独一无二的秘密

▷ 喜游泳，怕晒，生活区域很少脱离水源

▷ 眼睛很小，视力不好，却有犀利的听觉和嗅觉

▷ 经常独栖或雌雄同栖，不太合群

谁在威胁它们

早在冷兵器时代，因犀牛皮质坚硬，人类就将犀牛皮用作士兵的盔甲。亚洲各国早期的皮甲，主要原材料就是犀牛皮。犀牛是少数有记录的，在枪械出现之前，就已经因特殊用途而被大规模专门捕猎至濒危的物种之一。

亚洲犀曾分布于中国，关于中国境内最后一头亚洲犀的记录见于 1922 年。在其他国家，亚洲犀因农牧业扩张导致的栖息地丧失和破碎化、外来物种入侵、疾病、天灾、盗猎等，数量在 20 世纪末大幅下降，近乎灭绝。

目前，国际上仍存在对亚洲犀狂热追捧的情况，导致犀牛制品的非法交易屡禁不止。

谁在保护它们

目前，中国对犀牛及其制品实施"三个严格禁止"政策，包括严格禁止进出口犀牛及其制品，严格禁止出售、收购、运输、携带或邮寄犀牛及其制品，严格禁止犀牛角入药。

为了保护爪哇犀，2010年，印度尼西亚将乌戎库隆国家公园面积扩大了51平方千米，并砍伐抑制爪哇犀食物生长的钝叶羽棕，给爪哇犀打造了更适宜的栖息环境。20多年来，该国家公园内没有发生过一起爪哇犀盗猎事件。近两年，爪哇犀的出生率终于超过了死亡率。

苏门答腊犀的形势不容乐观，其成年个体数量长期呈下降趋势。印度尼西亚政府于1995年建立了苏门答腊犀救护区，并于2018年起实施拯救该物种的紧急人工干预措施，加大力度，将散落在各地的个体聚集起来，以期苏门答腊犀的数量能迅速增长，然后再重新放归野外。

国门救援

中国海关一直对犀牛及其制品走私采取零容忍的态度。对于犀牛等特定敏感物种，中国政府采取了高于CITES现行要求的管理措施。

2007年1月，昆明海关所属盈江海关根据情报，查获犀牛角2只，净重959克，抓获犯罪嫌疑人3名。经鉴定，此次查获的犀牛角是大独角犀的角。

历史上，大独角犀遭遇过非常残忍的盗猎，到20世纪90年代只剩下约100头。得益于有效的反盗猎措施，大独角犀的成年个体数量得到了一定的恢复，IUCN于2020年将大独角犀评级为易危（VU）。

爪哇犀

拯救未来

　　亚洲犀与我们有着长久的历史情结，"心有灵犀""犀利"等词至今在生活中仍很常用。然而，由于亚洲犀整体生存情况并不理想，过去很长一段时间，我们都只能在影像里看到它们。如今，我们尚能在动物园看到亚洲犀。在大家的努力下，我们甚至仍能期待在野外的落日余晖下看到它们的身影。

　　然而，假如我们漠不关心，任其被盗猎，那么这些美好的期望都将成为泡影。我们对非法贸易的一次简单拒绝、对朋友的一次轻松科普，都可以为亚洲犀的保护工作添砖加瓦。愿我们的孩子能亲眼看见、亲身感受，而不是隔着冰冷的屏幕和时光的距离来认识这一美丽的生灵。

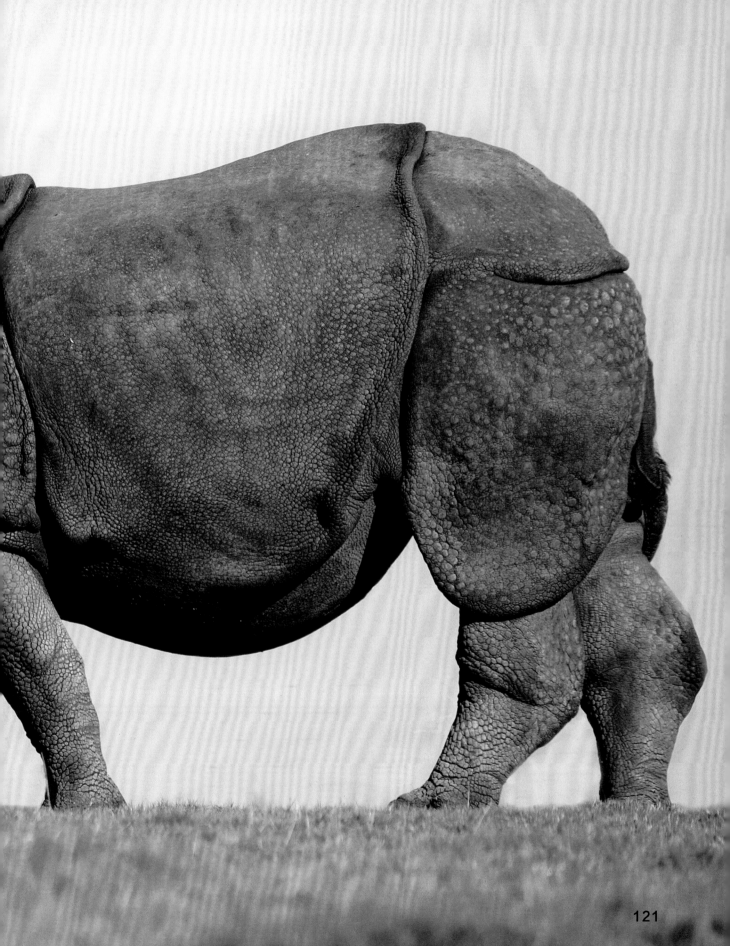

黑白双雄
——非洲犀

拥有犀利双角，在遇到"两脚兽"之前，还从没为活命发过愁。

中文名	非洲犀
英文名	African Rhinoceros
拉丁名	*Ceratotherium simum*（白犀） *Diceros bicornis*（黑犀）
家族	奇蹄目，犀科
昵称	火犀，广角犀，双角兽
荣誉称号	非洲地面体形 No.2
现存野生种群规模	白犀——15,942 头，黑犀——6,195 头
保护级别	白犀——IUCN 近危（NT），黑犀——IUCN 极危（CR） 除白犀指名亚种的南非和斯威士兰种群属 CITES 附录 II 外，其余所有非洲犀均属 CITES 附录 I

编者注：此文中未标注物种名称的图片，物种均为白犀。

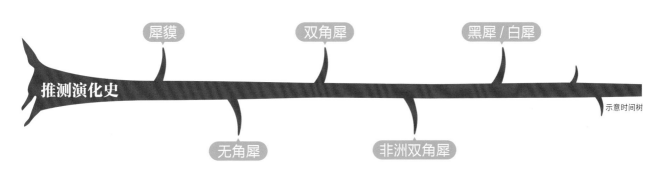

推测演化史

犀貘　双角犀　黑犀 / 白犀

无角犀　非洲双角犀

示意时间树

黑犀

我的形象我做主

非洲犀主要有白犀和黑犀两种类型。白犀身长3.0~5.0米，肩高1.5~1.8米，体重1.8~2.7吨；黑犀身长3.0~3.8米，肩高1.4~1.7米，体重0.8~1.4吨。白犀体形上大过黑犀，两者最主要的差异在于嘴部形状。白犀被称为宽唇犀，黑犀被称为钩嘴犀，这是两者持续适应不同类型食物自然选择的结果。白犀和黑犀都生有双角。

求生本领

白犀集中分布于南非、纳米比亚、肯尼亚、津巴布韦、博茨瓦纳五国，其他分布国拥有的白犀数量不足总量的1%。白犀生活于稀树草原地貌，是食草动物，宽阔的嘴巴像收割机一般，可以让其尽情享受鲜嫩的地面植被。

黑犀

白犀有南白犀和北白犀两个亚种。北白犀目前仅在人工繁育设施内有两头雌性，由于没有雄性北白犀存活，几乎可以宣布灭绝。南白犀在 20 世纪初期濒临灭绝，只有不到 100 头个体，经过 100 多年的人工繁育抢救，终于在数量上有所恢复，并且持续回归历史栖息地。

黑犀集中分布于纳米比亚、南非、肯尼亚三国，其他分布国拥有的黑犀数量不足总量的 5%。黑犀生活于热带灌木地貌，是食叶动物，嘴巴像钩子一样，让黑犀能轻易咬断如成年人拇指般粗的枝条，获取多汁的鲜叶。

黑犀

独一无二的秘密

▷ 白犀和黑犀得名并非出于肤色差异

▷ 白犀的角更大，视力不好

谁在威胁它们

非洲犀的受胁因素包括土地利用方式的改变，气候变化导致栖息地的丧失或破碎化，以及盗猎引起的非法贸易。犀牛角在中东地区常被用作装饰物，在其他地区常被制成药材。白犀面临的盗猎压力比黑犀高很多。2017 年，在欧洲的一家动物园里，竟然有一头白犀被破门而入的盗猎者杀害。最近几年，由于国际社会的努力，盗猎率已持续下降。

为了避免非洲犀因其角而遭到盗猎，保护工作者甚至考虑过直接割掉它们的角，让盗猎者无利可图。此外，在与盗猎者斗智斗勇的过程中，保护工作者甚至还采取了高成本的转移方式——一旦某一区域疑似有盗猎者的踪迹，区域内的非洲犀就会被直升机运走，送到上百公里以外的栖息地重新开始生活。

谁在保护它们

非洲犀实际上已经是需要人为保护才能继续在地球上生存下去的物种。

纳米比亚埃托沙国家公园有 90% 的西南黑犀，且种群数量持续增长。其他国家也在努力保护黑犀，在反盗猎的同时，不断帮助黑犀占据历史栖息地。

黑犀

黑犀

2019 年，中国海关与相关国家、地区及组织加强协作配合，指引马来西亚、越南、新加坡海关等查获走私犀牛角 106.5 千克以及其他濒危物种及其制品。

国门救援

中国海关一直对犀角等濒危野生动植物及其制品走私采取零容忍态度，坚决予以打击，为远在万里之外的非洲犀争取了更有利的生存环境。

2013 年，在由中国主导，亚洲、非洲等的 22 个国家参与的"眼镜蛇行动"中，中国海关精心组织、统一部署，查获犀牛角 13 千克以及其他野生动植物及其制品。

拯救未来

随着最后一头雄性北白犀"苏丹"离我们远去，我们对犀牛这个物种的关注达到了前所未有的高度，然而这个关注，似乎来得有点晚。仅存的两头北白犀雌性个体，是北白犀继续在地球上以某种形式延续其基因的唯一希望。令人痛心的是，它们和"苏丹"一样，都是从捷克动物园回归非洲的。

我们能为犀牛做些什么？当我们在动物园里与它对视的时候，不妨想一想，为什么那么多没有天敌的物种，会在短时间内走到这样的境地？忐忑、担忧、责备，都不如面对，最合适的时机，就是现在！拒绝任何一件可疑的商品或者礼物！希望，就在这每一个细微处，传递、积累。

15
43

"香香"之王
——麝的家族

俊俏的体态，挺立的双耳，奶白的獠牙，独特的
体香——见到它，绝不会认错！

130

中文名	麝
英文名	Musk Deer
拉丁名	*Moschus anhuiensis*（安徽麝）
	M. berezovskii（林麝）
	M. chrysogaster（马麝）
	M. fuscus（黑麝）
	M. leucogaster（喜马拉雅麝）
	M. moschiferus（原麝）
家族	偶蹄目，麝科
昵称	香獐
荣誉称号	"香香"之王
现存野生种群规模	数据缺乏
保护级别	除原麝为 IUCN 易危（VU）外，其余均为 IUCN 濒危（EN），CITES 附录 I，国家一级保护野生动物

推测演化史

古鼷兽

麝科动物

偶蹄兽

示意时间树

我的形象我做主

麝为体形较小的鹿类动物，成年个体体长 70~90 厘米，身高 75~82 厘米，体重 6~15 千克。躯体前低后高，雌雄个体均无角，尾腺发达。家族中成年雄性个体具有发达的獠牙和麝香腺，而雌性个体没有。

求生本领

麝族动物的毛又粗又硬，毛髓腔特别发达，使麝能够在高纬度或高海拔的较冷地区从容生活。在中国，原麝主要分布在大小兴安岭和长白山等区域；林麝分布区较广，数量最多，主要分布在秦岭山脉以南，东至武当山、南岭，西至青藏高原东南部地区；马麝和喜马拉雅麝一般分布在海拔 3,000 米以上的高寒山区，包括青藏高原和黄土高原等地区。

麝族动物生活环境差异较大，食物种类广泛，食谱囊括了 300 多种植物。虽然麝族动物的食物种类有所不同，但它们都爱吃植物的嫩芽、嫩叶尖，因为这些部位营养比较丰富，也便于消化和吸收，能够满足体形较小的麝族动物高代谢率的需要，保证在高寒地区生存。

独一无二的秘密

▷ 麝族动物一生都不会长出像其他鹿类动物那样的鹿角

▷ 雄性长有发达的獠牙和麝香腺，以麝香闻名

▷ 常利用粪便、胫腺和尾腺来标记领地，宣示领地主权

▷ 喜好独居生活，具有各自的领地，同性成员的领地不相重叠

谁在威胁它们

麝族动物是中国重要的野生动物资源。20 世纪 50—60 年代，麝族野外种群数量在 250 万只左右，进入 90 年代以后，麝族野外种群数量估计不足过去的 10%。

造成麝族种群数量下降的因素很多，其中栖息地破坏是重要因素之一。20 世纪的毁林造田、过度放牧，造成麝原有的适宜栖息地面积不断缩减，麝族野外种群数量不断减少。

过度捕猎是麝族种群数量下降的另一重要因素。尤其是 20 世纪 70 年代，不法分子开始用钢丝套猎具捕猎麝。据估计，每获得一个麝香香囊，就需要捕杀 3~5 只麝，使麝族种群数量不断减少。

国门救援

由于麝香价格昂贵，一些利欲熏心者不惜铤而走险，以夹藏等方式将其走私入境。近些年来，中国海关查获多起麝香走私案。2016 年 6 月，满洲里海关破获一起麝香走私案，共查获麝香囊 255 枚。2019 年 9 月，内蒙古二连浩特口岸查获藏匿在进境大货车司机衣物内的麝香 20 枚，总净重 740 克。

谁在保护它们

麝族动物均被 IUCN 列为濒危（EN）或易危（VU）物种，并被列入 CITES 附录 I，禁止商业性国际贸易。在中国，麝属所有物种均被列为国家一级保护野生动物。20 世纪末，中国开始实施退耕还林政策，麝的栖息地环境得到了一定程度的改善。另外，伴随着国家对盗猎行为打击力度的加强，与历史上种群数量最低点相比，目前麝的种群数量已经得到了一定程度的恢复。

由于麝族动物的麝香具有某种药用价值，为了缓解麝香的供求矛盾，从 1958 年开始，中国就探索人工养麝和活体取香试验，已取得成功，为人类合理利用麝香提供了可持续的途径。此外，20 世纪 90 年代，人工合成麝香的研制取得了成功，并在中成药中得到了广泛应用。人工麝香可以替代 99% 以上的中成药中的天然麝香，从而减轻了对野生麝香的需求压力，为野外麝族种群数量的回升提供了可能。

拯救未来

　　麝的家族是哺乳动物中较为特殊的一个类群，无论形态结构、生活习性、地理分布，还是生理、生化与进化适应等方面都有其独特之处。作为森林生态系统中的重要一员，麝对其所赖以生存的自然生态系统的正常运转起着重要的作用。现在麝的养殖技术已渐趋成熟，人工麝香也已得到了普遍性认可，那我们又何必冒险去伤害野生麝呢？

16
43

雪域赞歌
——藏羚

雄健的身姿，细长的双角，浓密的绒毛，爆棚的颜值，浑身散发着纯粹而神秘的雪域气息。

中文名	藏羚
英文名	Tibetan Antelope
拉丁名	*Pantholops hodgsonii*
家族	偶蹄目，牛科，藏羚属
昵称	藏羚羊，长角羊，西藏黄羊
荣誉称号	高原精灵，独角兽，雪域高原"守卫者"
现存野生种群规模	中国约 300,000 只
保护级别	IUCN 近危（NT），CITES 附录 I，国家一级保护野生动物

推测演化史

古鼷鹿　牛科早期成员　藏羚

偶蹄目　羚羊亚科

示意时间树

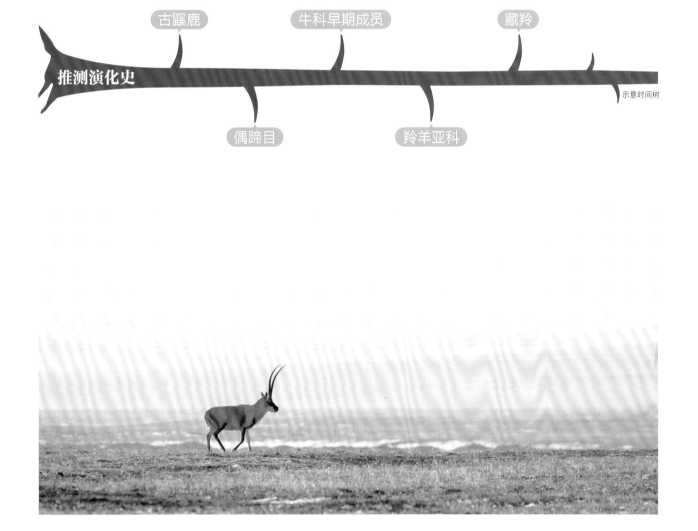

我的形象我做主

藏羚羊成年个体身长 117~146 厘米，肩高 75~91 厘米，尾长 15~20 厘米，体重 45~60 千克。全身覆盖浓密的细长绒毛，整体呈黄褐色，略带粉红色。头部宽大，鼻部略微向上隆起，形成了宽阔的鼻腔。四肢发达，灵活有力；蹄子扁尖，着地有声。脸部和四肢的内侧为黑色，看起来十分帅气。风度翩翩的雄性拥有坚实而细长的双角，远看似一只角，被戏称为"独角兽"。雌性则没有角，个体形态也比雄性小，更显温柔与可爱。

求生本领

藏羚羊栖息地主要集中在中国青藏高原地区典型的荒漠、高原草甸及高山草原。

藏羚羊属于纯粹的素食主义者，食谱囊括了禾本科、莎草科、豆科等植物，可谓种类齐全、营养丰盛。

藏羚羊喜欢在白天休息，养精蓄锐；早晚外出觅食，补充能量。在食物匮乏、气候寒冷的冬春季节，它们觅食时间较长、范围较大，三三两两四处漫游，去寻找雪地里的食物。在水草肥美、气候宜人的夏秋季节，它们成群结队，活跃在宁静的湖畔、河岸及溪边，游荡取食和饮水。在一顿美餐之后，藏羚羊可以悠闲地反刍，回味青草的芳香。

独一无二的秘密

▷ 孕期 6~7 个月

▷ 宽大的鼻腔，能够预热吸入的稀薄寒冷空气，以免冻伤自己的肺部

▷ 喜欢生活在高海拔地区，如 3,000 米以上的高原高寒地带

▷ 健壮的领头羊带着羊群极速飞奔，时速达 80 多千米

▷ 双角是在家族中地位的象征，也可以用来获取资源、争夺配偶和保护领地

谁在威胁它们

威胁藏羚羊野外生存的主要因素包括栖息地破坏、非法羊绒贸易引发的盗猎及非法贸易等。

人类的生产活动导致藏羚羊栖息地不断破碎化，对羊群的生存与壮大产生了重要影响。不断扩张的牧场与草原围栏，割裂了藏羚羊的栖息领地。日渐兴盛的藏地旅游也给藏羚羊的生存与迁移构成了一定程度的威胁。

用藏羚羊羊绒织成的披肩被称为沙图什，飘逸灵动，售价极高。受到经济利益的诱惑，不法分子铤而走险，不顾法律的严惩，肆意掠夺野生藏羚羊资源。20 世纪 90 年代前后，因非法盗猎，藏羚羊的种群数量不断减少，野生藏羚羊的数量不足 5 万只。

谁在保护它们

藏羚羊为中国十大濒危物种之一，被列为国家一级保护野生动物。2016 年，在第六届世界自然保护大会上，IUCN 宣布将藏羚羊的受胁程度由濒危（EN）降为近危（NT）。

中国建立了以藏羚羊为保护物种的羌塘、三江源、昆仑山、阿尔金山及可可西里等国家级自然保护区，2021 年 10 月正式整合成立了三江源国家公园。同时，国家在修建高铁、高速公路等基础设施时，建设专门的野生动物绿色廊道，减少了道路建设对藏羚羊迁徙活动的影响。各级政府部门成立野生动物保护管理机构，加强日常执法巡逻，给盗猎者以严厉的警示。

由于保护措施得力，目前，中国的野生藏羚羊种群数量已恢复到约 30 万只。

2008 年，北京奥运会吉祥物"迎迎"的横空出世，给奥运赛事增添了不少喜感，向全世界传递了中国成功保护藏羚羊的信息。

国门救援

2011 年，拉萨海关成功破获了"9·07 特大走私藏羚羊绒案"，缴获了 85 千克藏羚羊绒（约来自 567 只藏羚羊），总价值达 1,134 万元。

同年，拉萨海关查获"11·07"藏羚羊绒走私案，查获藏羚羊绒 182.7 千克，案值达 2,436 万元。

在藏羚羊的原产国、中转加工国以及欧美等消费国，各方应形成合力，开展能力建设和国际执法合作，有效发现和打击藏羚羊等野生动物非法贸易。

拯救未来

走私案件一串串冰冷的数据背后，暗藏着一场场残酷的杀戮。藏羚羊的保护牵动着全世界野生动物爱好者的心。志愿者们从四面八方赶至雪域雪原，加入巡山执法保护的队列，与藏羚羊共绘和谐相处的美好画卷。

中国人民保护藏羚羊的决心坚定不移，让藏羚羊过上无忧无虑的生活，也是全球爱心人士的共同愿景。神秘迷人的青藏高原将会见证全人类为保护藏羚羊付出的努力。

欧亚大陆的"长老"
——高鼻羚羊

拥有古老的血统，曾走南闯北天下游，自带环保"加湿器"大鼻孔。

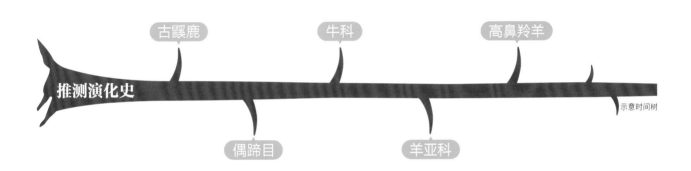

中文名	高鼻羚羊
英文名	Saiga Antelope
拉丁名	*Saiga tatarica*
家族	偶蹄目，牛科，高鼻羚羊属
昵称	赛加羚羊，大鼻子羚羊
荣誉称号	欧亚大陆的"长老"
现存野生种群规模	123,450~124,200 头，中国野外已灭绝
保护级别	IUCN 极危（CR），CITES 附录 II，国家一级保护野生动物

推测演化史

古鼷鹿　牛科　高鼻羚羊

偶蹄目　羊亚科

示意时间树

我的形象我做主

高鼻羚羊肩高 61~81 厘米，重 26~69 千克，体长 100~140 厘米。雄性头顶有长长的尖角，角上有 12~20 个明显的环，尖角长度可以达到 28~38 厘米。大鼻子是高鼻羚羊的显著特征，肿胀的鼻孔朝下，间距很近。它们的毛发是保护色，会随着季节的变化而变化。

求生本领

高鼻羚羊的演化历史悠久，它们曾经数量众多，与猛犸象和剑齿虎的家族成员们比邻而居。中国的新疆、甘肃都曾出现过它们的身影。令人惋惜的是，《中国濒危动物红皮书》显示，高鼻羚羊在中国野外已经灭绝。目前，只有在哈萨克斯坦、蒙古国、俄罗斯和乌兹别克斯坦的干旱草原和半沙漠地区可以见到它们。

每年秋季，当大草原开始降雪时，高鼻羚羊会迁徙到它们常住地区的南部。它们在春天和秋天会换两次"衣服"，不同颜色的"衣服"可以起到保护色的作用，帮助它们躲避危险。高鼻羚羊喜欢吃豆科、禾本科植物，如紫花苜蓿和冰草，甚至还会吃泥土，帮助自己补充旱季所缺的营养。

独一无二的秘密

▷ 寿命只有 3~5 岁，孕期 5~6 个月

▷ 7 个月大的雌性就可以生小宝宝了，并且怀双胞胎的概率非常高

▷ 皮毛在夏天较短且呈浅棕色，冬天厚而发白

▷ 巨大的鼻子是生存利器，可以在寒冷的冬季加热空气，并在炎热多尘的夏季过滤空气

▷ 非常适应高寒半干旱的环境，在冬天几乎可以不喝水

▷ 遇到危险时，可以每小时约 80 千米的速度奔跑

▷ 听觉很差，但视觉敏锐，能够察觉到一公里以外的危险

谁在威胁它们

栖息地的破碎化和丧失，为补充蛋白质食用羚羊肉，以及为取角入药进行的非法猎杀和非法贸易等，是威胁高鼻羚羊生存的主要因素。

近几年，高鼻羚羊种群又面临另一项巨大的威胁。2015 年，哈萨克斯坦中部的高鼻羚羊突然大规模离奇死亡，一周内死亡最多超过 4 万头。罪魁祸首是一种会使高鼻羚羊失去正常行动能力的细菌——多杀巴斯德菌。2016 年、2018 年在蒙古国又暴发小反刍兽疫（PPR），致使高鼻羚羊的数量减少。

非法盗猎、恶劣的气候、栖息地退化、疾病、人类与野生动物的冲突和迁徙障碍，这些都不断威胁着高鼻羚羊种群的生存。

谁在保护它们

面对高鼻羚羊野生种群灭绝的情况，为了让高鼻羚羊种群重返中国的历史分布区，中国开始引种回国，为恢复野外种群开展实验和研究。

1987 年，中国在甘肃省武威市建立了甘肃濒危动物保护中心。1988 年起，中国分别从美国圣迭戈动物园和德国柏林泰尔动物园引入高鼻羚羊 19 只。如今，在该中心近 30 公顷的散养场内，每年都有自然生产并自然哺育的幼高鼻羚羊出现，但由于在人工圈养条件下，高鼻羚羊的自身特性所致，人工繁育种群数量波动很大，要实现该物种在中国的重新引入还有一段很长的路要走。

国门救援

2021 年 3 月，乌鲁木齐海关缉私局联合新疆伊犁州公安部门及合肥海关缉私局，一举打掉一个走私、运输、贩卖濒危动物制品的犯罪团伙，查获追缴涉嫌走私入境高鼻羚羊角共计 2,530 根，抓获犯罪嫌疑人 14 名，案值 2.024 亿元。

2021 年 10—12 月，6 名犯罪嫌疑人为牟取非法利益，在新冠肺炎疫情期间，无视疫情防控规定，逃避海关监管，从中越边境走私入境 1,163 根高鼻羚羊角，被当场查获。

2021 年 11 月，青岛海关缉私局立案侦查一起以个人收藏纪念为目的，通过伪报品名方式自境外邮寄走私高鼻羚羊角案件，查获高鼻羚羊角及其制品共 6 件。

拯救未来

　　高鼻羚羊曾在中国草原驰骋。它们曾踏足新疆天山以南的伊犁河谷、吐鲁番和甘肃、内蒙古交界地带，但是现在野生种群已经灭绝。虽然高鼻羚羊的繁育工作仍在推进，但是要恢复一个自由放养、自我维持的高鼻羚羊种群，着实不易。

　　作为普通大众，我们能做的就是，拒绝购买、佩戴任何羚羊角手串、摆件等工艺品。这样微小的改变，或许可以点燃高鼻羚羊存续的星星之火，给这个物种一个活下去的机会。

18 / 43

食素大个子
——河马

说个冷笑话，河马不是马，我还长獠牙。

中文名　　河马

英文名　　Hippopotamus（河马），Pygmy Hippopotamus（倭河马）

拉丁名　　*Hippopotamus amphibius*（河马）
　　　　　Choeropsis liberiensis（倭河马）

家族　　偶蹄目，河马科，河马属

昵称　　河中巨兽，大嘴

荣誉称号　　陆地嘴型 No.1

现存野生种群规模　　河马——115,000~130,000 只，倭河马——成年个体 2,000~2,499 只

保护级别　　河马——IUCN 易危（VU），倭河马——IUCN 濒危（EN）
　　　　　均被列入 CITES 附录 II

编者注：此文中未标注物种名称的图片，物种均为河马。

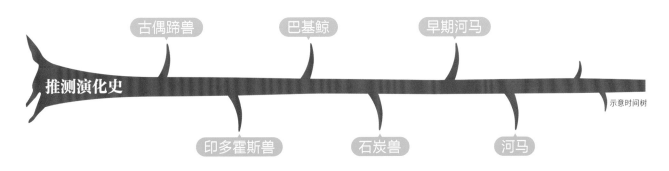

推测演化史　古偶蹄兽　巴基鲸　早期河马　印多霍斯兽　石炭兽　河马　示意时间树

我的形象我做主

　　成年河马体长 2.0~5.0 米，肩高约 1.5 米，重 1.3~3.2 吨。倭河马个头比河马小，身形只有河马个体的一半，体重只有河马的四分之一。成年倭河马体长 1.5~1.75 米，肩高 0.8 米，体重 0.16~0.27 吨，但不耽误它有个大嘴。

倭河马

求生本领

河马散布于撒哈拉沙漠以南的 38 个非洲国家，生活在海拔 2,400 米以下的地区；倭河马仅分布于科特迪瓦、几内亚、利比里亚和塞拉利昂这四个非洲国家。

河马是群居动物，由雌兽统领，每群少则十几头，多则近百头。河马虽然身躯庞大，却是一个素食主义者。河马一般生活于河流、湖泊、沼泽附近水草繁茂和有芦苇的地带，虽然喜欢在水草丰沛的地方居住，但一般不吃水草。白天河马以河水为掩护，避免自己的皮肤被晒伤，晚上上岸去进食陆生植物。倭河马主要生活在次生林分布的地区，与河马分布区不重叠。倭河马不仅吃陆生植物，也会吃一些半水生植物。

独一无二的秘密

▷ 皮下腺会分泌类似防晒霜的物质，来保护自己的皮肤

▷ 一天可以进食 100 多千克食物

▷ 在排泄时会奋力甩动尾巴来扩散排泄物，在河里也是如此

▷ 在潜水时能将耳朵和鼻孔关闭起来，像阀门一样，每次潜水时间可达 5 分钟

▷ 在陆地上生活的时间很长，能以每小时 20 千米的速度奔跑

谁在威胁它们

威胁河马生存的主要因素是农业发展带来的栖息地丧失，因为河马赖以生存的淡水和湿地生态系统，恰恰也是人类发展所需要的。在非洲中部和西部，这一问题尤为突出，栖息地的持续破碎化，导致河马以很小的种群生存，逐渐丧失了种群的可持续性和基因多样性。

以河马肉和河马犬齿为目标的非法狩猎，也是威胁河马生存的重要因素。近年来，人为导致的河马死亡案例有所增加，主要威胁来自渔民和金矿开采者。

在一些战乱地区，非法狩猎河马的行为持续发生。战乱导致当地人民失去了维持生计的来源，而不稳定的政局，也给走私活动以可乘之机。

谁在保护它们

河马分布区各国对河马采取了不同程度的保护措施。一些国家为河马专门设立了保护区，但仍有大量河马生存于保护区外围。尽管河马数量为非洲象的四分之一，但对河马保护和管理的关注程度还远不及非洲象。目前，对河马受威胁程度的系统研究还有待开展。

倭河马

国门救援

2019 年 5 月，拱北海关所属斗门海关对珠海某公司做稽查前分析时，发现该公司可能存在加工濒危野生动植物及其制品的嫌疑。稽查部门立即联合缉私部门开展专项稽查，查获 1.66 吨河马牙及其工艺制品。

2019 年 10 月，深圳海关所属深圳邮局海关关员在对进口邮件进行查验时，发现其中一个申报品名为"个人物品"的邮件 X 光机图像呈现异常，依法进行开箱查验，查获 32 个河马牙制品，共计 690 克。

拯救未来

　　憨厚的大个子河马，明明咬合力惊人，却选择了吃素，明明可以大杀四方，却选择了温柔对待这个世界。河马只有在受到惊吓或保护幼崽时，才会出现"凶狠"的一面。甚至可以说，河马的獠牙是为了护崽而生。

　　对于保护河马，我们又能做些什么呢？虽然我们远离非洲大陆，但至少可以拒绝购买任何河马制品。我们与河马之间，需要一份尊重，愿河马永远保持那份温暖、朴实和憨厚。

暗夜"毒"行侠
——蜂猴与倭蜂猴

大眼萌物，身材娇小，但别想"金屋藏娇"，这可是"下毒高手"！

中文名　　蜂猴、倭蜂猴

英文名　　Bengal Slow Loris（蜂猴），Pygmy Slow Loris（倭蜂猴）

拉丁名　　*Nycticebus bengalensis*（蜂猴）

　　　　　N. pygmaeus（倭蜂猴）

家族　　　懒猴科，蜂猴亚科，蜂猴属

昵称　　　懒猴，风猴

荣誉称号　猴界懒汉，暗夜精灵

现存野生种群规模　由于夜行性的特点，野外种群数量调查十分困难，在栖息地的野生种群密度低于 0.44 只 / 平方千米，种群呈总体下降趋势

保护级别　蜂猴——IUCN 濒危（EN），倭蜂猴——IUCN 易危（VU），CITES 附录 I，国家一级保护野生动物

编者注：此文中未标注物种名称的图片，物种均为蜂猴。

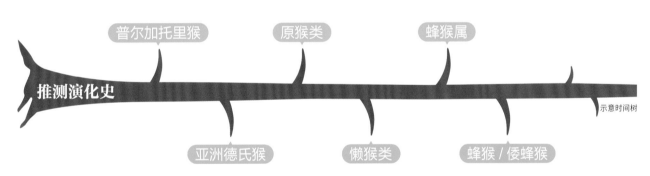

推测演化史

普尔加托里猴　原猴类　蜂猴属

亚洲德氏猴　懒猴类　蜂猴 / 倭蜂猴

示意时间树

我的形象我做主

蜂猴有着圆圆的脑袋，小小的耳朵向前竖立，眼睛又大又圆，还画着烟熏妆，有一对十分显眼的浅棕色"黑眼圈"，吻部短。成年蜂猴体长可达28~38厘米，体重为0.265~2.1千克，尾巴只有2厘米，看起来毛茸茸、圆滚滚的。蜂猴的体毛短而密，呈棕色或橙色。

倭蜂猴是蜂猴的近亲，外貌与蜂猴十分相似，但是体形更小。成年倭蜂猴体长为21~21.6厘米，体重为0.25~0.8千克，尾长只有1厘米。耳朵突出，耳朵、耳郭、双下肢爪部皮肤呈黑色，腹部呈灰白色。毛柔软而卷曲，毛色、体毛量会随着季节的变化而发生改变，夏季脱毛问题严重。

求生本领

蜂猴与倭蜂猴都是舒适安逸生活的追求者。它们对生存环境的要求很高，仅生活在亚洲东南部地区的茂密森林里，那里气候温暖湿润，物种丰富，四季瓜果、花蜜、嫩枝唾手可得。白天，它们总是蜷缩成球状蒙头大睡，到了晚上才会出来觅食。别以为长相软萌的它们是吃素的，它们不仅吃水果，还吃虫子、小鸟等动物。

作为猴界"懒汉"，它们到底有多懒呢？蜂猴与倭蜂猴成天喜欢待在树上，几乎不下地，身上竟然能长出藻类，与周围环境融为一体。

独一无二的秘密

▷ 平均寿命约 20 岁

▷ 喜欢吃树汁和蜂蜜，蜂猴的"蜂"便由此得名

▷ 舌头很长，边缘有许多小齿，就好像"吸管"一样，方便吸食树汁和花蜜

▷ 挪动一步能花上 12 秒。遇到危险怎么办？那就抱紧自己"装死"吧

▷ 可以整天待在树上睡懒觉，并不会摔下来

▷ 灵长目中唯一的"毒"行侠，肘部内侧会分泌一种有恶臭味的体液，与唾液混合后会合成一种类似箭毒蛙毒素的蛋白

▷ 为了维持毒性，会主动"服毒"，比如毒蝎子、毒树蛙、毒蜘蛛等

▷ 一胎只生一个，很少会有双胞胎

倭蜂猴
张琦 / 摄

谁在威胁它们

栖息地的消失和破坏是威胁蜂猴与倭蜂猴生存的主要因素。由于它们与人类的生存空间高度重叠，人类活动引发的环境污染和人口持续增长都对其生存造成了极大的威胁。

非法贸易和猎杀依然猖獗。夜晚，蜂猴与倭蜂猴出来觅食，它们水汪汪的眼睛被野外探照灯照射后会反射出特别的光泽，这让它们很容易被识别，加之行动缓慢，捕捉变得轻而易举。在国外一些地方，蜂猴还被作为宠物商品公然售卖，有些蜂猴的毒牙还被生生地拔下来。

谁在保护它们

蜂猴属成员数量稀少，都属于中国国家一级保护野生动物，被列入 CITES 附录 I，IUCN 将其列为濒危（EN）物种。

目前，中国已经建立了专门的蜂猴、倭蜂猴自然保护区，蜂猴属的所有猴类均在国家法律的保护范围内。2018 年，南昌市动物园引进了 1 只蜂猴。这只蜂猴刚被发现时右前肢已经坏死。南昌市动物园通过周密的手术安排，对其成功进行了截肢手术，这只蜂猴存活了下来。2021 年 8 月，云南德宏州野生动物收容救护中心经过一年多的研究和人工促进繁育，首例蜂猴在该中心顺利产下宝宝。

但是，救助并非保护野生蜂猴与倭蜂猴最有效的手段，而是一种亡羊补牢式的补偿措施，还是要从根源上采取保护行动。

国门救援

2015 年 7 月，一外国公民从磨憨口岸入境时，海关关员在其随身携带的竹篓内查获活体蜂猴 2 只。该犯罪嫌疑人后被判处有期徒刑 1 年，并处罚金人民币 10,000 元，刑满释放后驱逐出境。

2018 年 9 月，昆明海关所属南伞海关关员在南伞口岸入境通道对一辆缅甸籍车辆实施登临检查时，在该车内查获活体野生蜂猴 1 只，抓获嫌疑人 1 名。

拯救未来

　　蜂猴属作为灵长目中唯一的"毒"行侠，若是有人伸手想要逗弄这个小可爱时，它们就会举起双手，这是它们要"下毒"的信号。因此，如果有机会面对这个大眼萌物，亲亲抱抱是万万不可以的！

　　人类与猴子同属灵长类，这意味着，猴子患的病，人可能也会患。蜂猴与倭蜂猴的养殖、繁育乃至免疫都并不成熟，与它过分接触，也许会给彼此的生命安全埋下隐患。

良药背后的默默付出者
——食蟹猴

喜欢在退潮后到海边觅食螃蟹、贝类和螺类，故名食蟹猴。

中文名	食蟹猴
英文名	Long-tailed Macaque
拉丁名	*Macaca fascicularis*
家族	灵长目，猴科，猕猴属
昵称	长尾猕猴，马来猴，菲律宾猕猴
荣誉称号	为人类医疗付出良多的长尾小猴
现存野生种群规模	数据缺乏
保护级别	IUCN 濒危（EN），CITES 附录 II

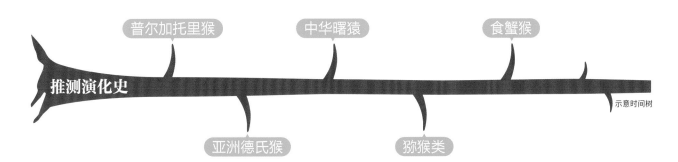

推测演化史

普尔加托里猴　　中华曙猿　　食蟹猴

亚洲德氏猴　　猕猴类

示意时间树

171

我的形象我做主

食蟹猴的体形与大多数猕猴类似，雄性体形大于雌性。在体重上，成年雄性体重一般为 5~7 千克，成年雌性则只有 3~4 千克。成年个体身长 38~55 厘米。它们最大的特点是尾巴特别长，平均可达 40~65 厘米，甚至比它们的身体还长，因此又被称为"长尾猕猴"。

无论是雄猴还是雌猴，它们的脸颊上都有略长的毛发，看起来就像络腮胡子。不过，雄猴的下巴上"胡子"更多。

独一无二的秘密

▷ 能吃的食物类型很多，除了螃蟹外，还吃水果、种子、树叶、树皮，甚至其他小动物

▷ 部分食蟹猴会使用石块砸开坚果，以及从水中抓取贝类和螺类

▷ 在挖出植物的块根、块茎后，会在水中反复清洗

▷ 喜欢群居生活，一个群体常常由 20 只左右的个体组成，其中有一只雄猴为"猴王"，其他成年成员以雌性为主

求生本领

食蟹猴在东南亚地区分布很广，从孟加拉国东南部的最南端一直向东延伸到马来西亚，以及苏门答腊岛、爪哇岛、加里曼丹岛等，都能见到它们的身影。在灵长类家族中，它们的分布范围仅次于人类和猕猴。不过，食蟹猴的分布区并没有延伸到东南亚的北部。

食蟹猴对于栖息地环境的适应能力很强，在东南亚的各种环境中都可能有它们的身影。不过它们最喜欢的还是临近河流的各种林地以及沿海的红树林。

谁在威胁它们

随着人类城市的发展、人口的增加，食蟹猴原本栖息的自然环境不可避免地正在发生改变，食蟹猴的生存空间与人类居住区高度重叠。在东南亚的很多区域，都发生过食蟹猴争抢人类食物的事件，而且这种近距离接触，会造成动物咬伤和人畜共患病传播的潜在风险。

由于食蟹猴是非常重要的科研实验动物之一，很多生命科学和医学研究机构对食蟹猴有大量的实验需求。而它们的种源大多依赖东南亚的野生食蟹猴种群，这在一定程度上加剧了非法捕捉、走私、贩卖和饲养食蟹猴等行为。

谁在保护它们

由于非法捕捉、走私、贩卖等行为的加剧，近年来食蟹猴的野外种群数量在不断下降，而且其中有些亚种的下降幅度更大。2022 年，IUCN 将其升级为濒危 (EN) 级别。而在 CITES 中，食蟹猴也被列入附录 II。食蟹猴在中国没有分布，但是按照国家二级保护野生动物进行管理。

国门救援

随着医学和科学的不断进步，国内外对于食蟹猴的实验需求不断增大，在利益驱使下，常常有不法分子为了节约成本，铤而走险，直接走私食蟹猴。例如，2019 年 10 月，南宁海关所属防城海关缉私分局查处一起特大走私食蟹猴案，查证走私食蟹猴达 2,735 只，打掉走私食蟹猴团伙 2 个，抓获犯罪嫌疑人 17 名。

拯救未来

　　作为一种食性广泛、适应能力很强的动物，与那些目前数量稀少、分布范围狭窄的猿猴相比，食蟹猴的生存能力更强，它们能够在东南亚的多种自然景观中栖息，也能在人类的环境中生存。值得一提的是，伴随着人类对于科学研究需求的增长，食蟹猴被选为实验动物，为人类的健康发展作出了不可磨灭的贡献。

　　包括食蟹猴在内的灵长类动物早已在亚洲繁盛多时，无论是生活在自然的海滨与森林，还是生活在人类的城市与村庄，抑或是生活在饲养场或实验室中，希望每一只食蟹猴都能被善待。

森林卫士

——中华穿山甲

身披麒麟遁甲，有着高超的伪装技术，守卫森林的精灵卫士，
习惯夜行的"隐士"。

中文名	中华穿山甲
英文名	Chinese Pangolin
拉丁名	*Manis pentadactyla*
家族	鳞甲目，穿山甲科，穿山甲属
昵称	鲮鲤甲，麒麟片，挖土机
荣誉称号	幽灵般的"森林卫士"，"蚁穴杀手"
现存野生种群规模	现存野生种群数量极少，数据缺乏
保护级别	IUCN 极危（CR），CITES 附录 I，国家一级保护野生动物

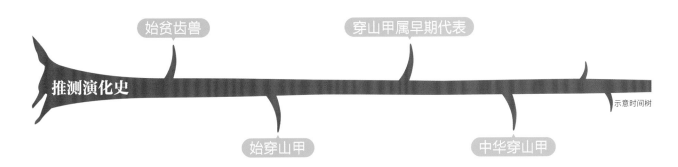

推测演化史

始贫齿兽　　穿山甲属早期代表

始穿山甲　　中华穿山甲

示意时间树

自然影像中国　朱亦凡／摄

我的形象我做主

中华穿山甲是一种极度胆小和害羞的夜行动物。白天通常躲在山洞里睡觉，很少有人能看到野生的穿山甲。它们最明显的特征是，除了面部、腹部部分区域生有稀疏的毛发，其他地方都覆盖着坚硬重叠的鳞片，像是穿着一身盔甲。鳞片颜色也不是一成不变的，通常为黑色、深棕色、棕黄色或深灰色。幼崽身体上的鳞片像鱼鳞一样柔软。

求生本领

中华穿山甲生活在海拔 100~1,500 米的低山和丘陵区域，喜欢树木灌丛茂密、食物水源丰富、气候温暖湿润的地方。中华穿山甲有很强的挖洞能力，喜欢"宅"在自己的洞穴里，居住、产仔、育幼、躲避不良气候及天敌。除了觅食、求偶及排便，每天出洞活动时间很少。

中华穿山甲的主要食物是蚂蚁和白蚁，别看它个头小，但食量惊人。一只成年穿山甲的胃，可以容纳重达 500 克的白蚁。觅食时，它们会依靠自己良好的嗅觉定位蚁穴，再将长而灵活的舌头伸进去大快朵颐。

独一无二的秘密

▷ 哺乳动物，孕期要 12 个月，每年仅产 1 胎，每胎仅产 1 崽，出生率很低

▷ 没有牙齿，也没有颧弓，因此没有咀嚼能力，吃饭靠的是鼻子、爪子、舌头和胃的团结协作

▷ 舌头不长在嘴里，而是长在胸腔里，伸直了比脑袋还长，能把食物直接送到胃里

▷ 视力不太好，嗅觉非常灵敏，能通过气味找到蚂蚁

▷ 前爪中间的三个趾爪非常粗大，能轻易撕开蚁丘

▷ 大大的尾巴不仅能在爬树和直立行走时保持身体平衡，还可以充当武器

▷ 不仅宅，还社恐，喜欢独来独往

谁在威胁它们

中华穿山甲的主要受胁因素包括栖息地丧失、退化和破碎化等。

中华穿山甲生活在长江中下游及南方的大部分区域，这些区域人口稠密。近年来，基础设施建设、城市化进程加速和经济林木种植等也对中华穿山甲的栖息地产生了一定影响。

中华穿山甲分布区域内低山丘陵的土地利用方式发生了很大的改变，天然林于 20 世纪 50 年代后遭到数次大面积砍伐，使中华穿山甲的栖息地遭受严重破坏和丧失。

除此之外，盲目"保健"和猎奇炫富的人顶风作案，妄图把穿山甲搬上餐桌、饰品台，也让穿山甲遭受了无妄之灾。

国门救援

据 IUCN 统计，2007—2016 年，全球范围内穿山甲走私量达到 100 万只，穿山甲成了全球走私量最大的哺乳动物。2016—2019 年，又有约 50 万只穿山甲被走私。

近年来，中国海关加强情报研判、风险布控和国际执法合作，破获了多起穿山甲鳞片走私的大案。例如，2019 年，中国海关与相关国家、地区及组织加强协作配合，指引马来西亚、越南、新加坡海关等查获走私穿山甲鳞片 59.8 吨以及其他濒危物种及其制品。2020 年 3 月，南宁海关缉私局在海关总署的统一指挥下，在合肥海关缉私局、地方公安机关的支持配合下，开展"护卫 2020"打击野生动物及其制品走私专项行动，分别在广西南宁、崇左，安徽亳州等地成功打掉一个穿山甲鳞片走私犯罪团伙，一举抓获犯罪嫌疑人 9 名，现场查获走私穿山甲鳞片 820 千克。

谁在保护它们

2016 年，全球现有 8 种穿山甲（非洲和亚洲各 4 种）全部被提升至 CITES 附录 I，即列入最高保护等级。2014 年，IUCN 将中华穿山甲濒危等级升级为极危（CR）。

中国政府高度重视对中华穿山甲的保护。生态文明建设、以国家公园为主体的自然保护地体系建设等国家重大决策，让中华穿山甲的栖息地得到有效保护和恢复。

2020 年，中国将中华穿山甲升级为国家一级保护野生动物，将其从《中国药典》中移除。在严厉打击穿山甲非法交易活动的同时，中国启动了全国穿山甲资源专项调查，在广东成立了中国穿山甲保护研究中心，制订了穿山甲保护行动计划。

拯救未来

中华穿山甲被誉为"森林卫士""蚁穴杀手"，是森林的守卫者，23 个足球场那么大的林地中，只要有一只成年穿山甲，森林就不会因白蚁而受到危害。我们身边的一草一木，都是捍卫中华穿山甲家园的屏障。拒绝虚妄的炫耀、拒绝食用穿山甲、拒绝购买或佩戴穿山甲制品……如有发现，积极劝阻或向公安机关举报，或许你就拯救了一只穿山甲的性命。从现在起，让我们共同携手保护这一濒危野生动物，保护它和我们共同的家园，让穿山甲能够与我们一同生活在这颗蓝色星球上。

22/43

冰海鲸奇任游弋
——一角鲸

很挑食，只喜欢吃深海鱼，擅长深潜，一点也不怕冷，白雪皑皑的环境最适合它生活啦！

中文名	一角鲸
英文名	Narwhale
拉丁名	*Monodon monoceros*
家族	鲸目，一角鲸科，一角鲸属
昵称	独角鲸，长枪鲸
荣誉称号	海中独角兽
现存野生种群规模	约 123,000 头
保护级别	IUCN 无危（LC），CITES 附录 II

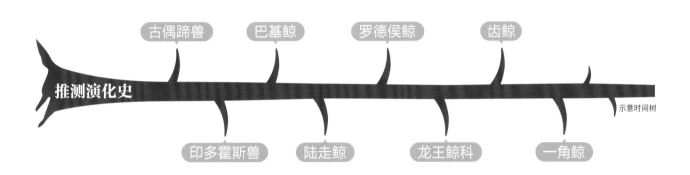

推测演化史

古偶蹄兽　巴基鲸　罗德侯鲸　齿鲸

印多霍斯兽　陆走鲸　龙王鲸科　一角鲸

示意时间树

我的形象我做主

一角鲸属于中型齿鲸,成年一角鲸身长 3.95~5 米,体重 0.8~1.6 吨。成年雄性的吻部有一根巨大的"獠牙",长 2~3 米,这根长牙通常是左犬齿,但有些个体是右犬齿突出,乃至长出两根长牙。

一角鲸的身体呈导弹形,脑袋呈半圆形,眼睛不大,分布在脸颊两侧。嘴巴小小的,最前部分微微翘起,好像在嘟嘴。一角鲸和亲戚白鲸一样,没有背鳍,打开的尾鳍仿佛扑动的蝶翅。一角鲸最长可以活到 50 岁。

求生本领

一角鲸主要生活在北极地区。它们最爱吃深海鱼类,鳕鱼、比目鱼、虾都是它们的最爱。所以,它们也是深潜高手,可以轻松潜至 1,000 米以下的水域寻找食物。在狩猎和导航的过程中,它们还会发出咔嗒声,离食物越近时,咔嗒声就变得越密。

在夏天,一角鲸会离开消融的冰层,向南部海域迁移,冬天又娴熟地循着海冰重回北极,在迁徙路上,长牙发挥着重要作用。长牙上布满了密密麻麻的小孔,大量神经分布其中,可以感受周围水温、水压、盐度等变化,就像一个传感器。一角鲸通常都是集体行动,所以即便是没有长牙的雌性或牙齿断裂的雄性,也可以在同伴的帮助下非常方便地找到呼吸空间。

独一无二的秘密

▷ 平均寿命 50 岁，雄性甚至可以活到 100 多岁

▷ 孕期 14 个月，单胎

▷ 和大多数鲸类不同，一角鲸的颈椎有关节，活动更加灵活

▷ 没有背鳍是为了适应在冰下轻松游泳、促进滚动、减少表面积和热量损失

▷ 一生都在"变色"，刚出生时最黑，之后出现白色斑块，到老年时几乎全身为白色了

▷ 喜欢追随浮冰，主要是为了躲避天敌的攻击

▷ 头上的角并不像鹿角或犀牛角，而是一颗长牙，其他 16 颗牙齿基本退化了

谁在威胁它们

一角鲸被捕杀最主要的原因是获取它们的角。16 世纪，英国女王伊丽莎白一世曾以 1 万英镑的价格，买了一根鲸角，这笔钱在当时完全能够修建一座富丽堂皇的城堡。利益的驱使，使得一角鲸遭受了更多的违法捕杀。即便能够逃过围捕，许多被不幸击中后受伤的一角鲸，最终难逃劫难，慢慢沉入海底死去。

气候及栖息地环境的变化也使得一角鲸面临巨大的威胁。随着全球变暖，北极地区的海冰融化速度加快。极昼期间，许多地区甚至连浮冰也彻底消失，一角鲸藏身之处越来越小，可以藏身的时间也越来越短，失去浮冰保护的一角鲸就如同失去了天然的护身符，赤裸裸地暴露在盗猎者的枪口下。

航运、工业开采、海洋建筑和军事活动造成的水下噪声污染，会干扰一角鲸通过声音寻找食物、配偶，还会干扰其导航，导致躲避捕食者和照顾幼崽的能力下降，很容易迷失在深海。

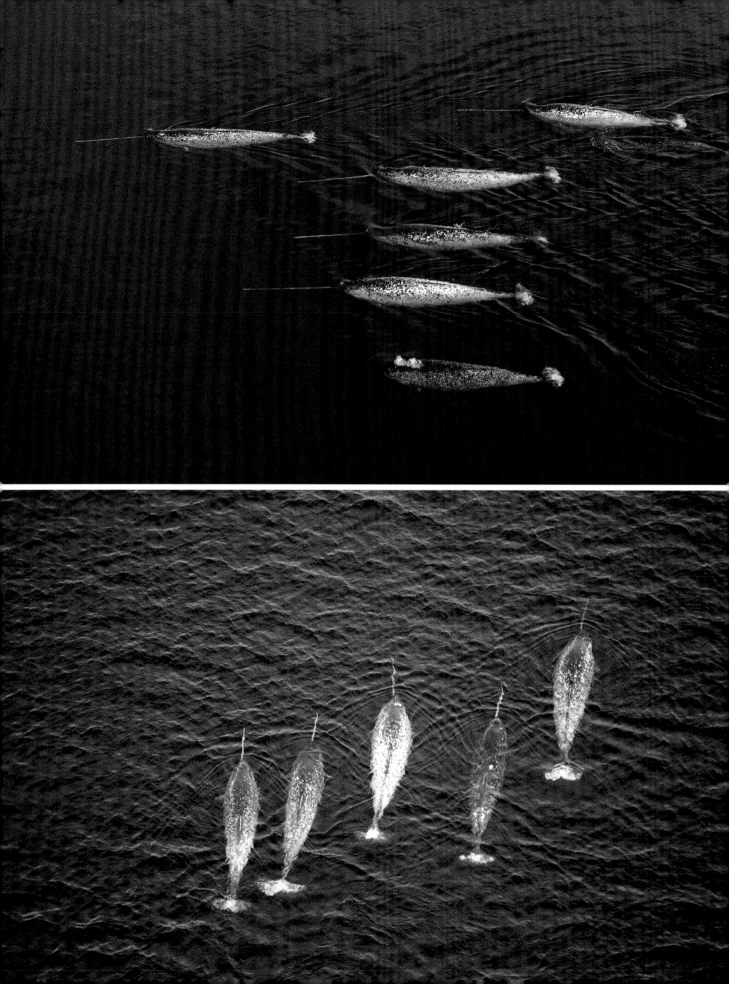

均被视为走私行为。2018年，长沙海关所属星沙海关现场监管关员在对5个自日本入境申报为"鞋子"的邮件进行X光机检时，判断机检图像异常。经人工开箱查验，发现每个邮件内装有一双雨鞋，其套筒内却各装有一段疑似动物骨头的制品，5个邮件共10段，拼成一整根，长约2.4米，净重7.43千克。经鉴定，该物品确定为一角鲸的长牙牙段。

谁在保护它们

CITES很早就将一角鲸列入贸易管制名单。从20世纪70年代起，各国就对一角鲸及其制品的贸易进行严格管控。在加拿大，除了在原住民的某些司法管辖区，任何关于一角鲸的可食用部分和"角"，未经许可，均不能出售、购买或以物易物。若从加拿大出口一角鲸产品，则需要CITES出口许可证。2017年，加拿大破获了一起长达10年的走私案，在这起案件中，走私者利用监管漏洞，通过伪造证件等将非法贸易洗白，从而获取高额利润。

格陵兰岛政府对每一条合法捕猎的一角鲸都进行记录，并且禁止出口所有一角鲸产品，包括旅游纪念品。美国、欧洲也对非法进口和走私一角鲸进行严厉打击。

国门救援

自2016年起，中国开始实施"国门利剑"联合行动，在多地开展打击走私珍贵动物及其制品专项查缉行动。在中国，任何一角鲸制品入境，未提交证明书，

拯救未来

人类对一角鲸知之甚少，仅能从一些纪录片和书籍资料中，获得对这个神秘物种的一点点了解。但人类的活动正在深刻影响着一角鲸的栖息地——北极生态系统。环境污染、气候变化、噪声污染等，都让它们面临极大的生存威胁。一角鲸是北极食物链的顶端，对海洋环境的整体健康起着重要作用，对北极的原住民也具有重要的文化意义。

请拒绝任何形式的一角鲸制品，当你看到那些精美的摆件、文玩时，想象一下这个海洋"独角兽"正面临的巨大痛苦。让我们一起采取行动，努力做出改变。希望一角鲸一生都能在北极的冰海中尽情游弋。

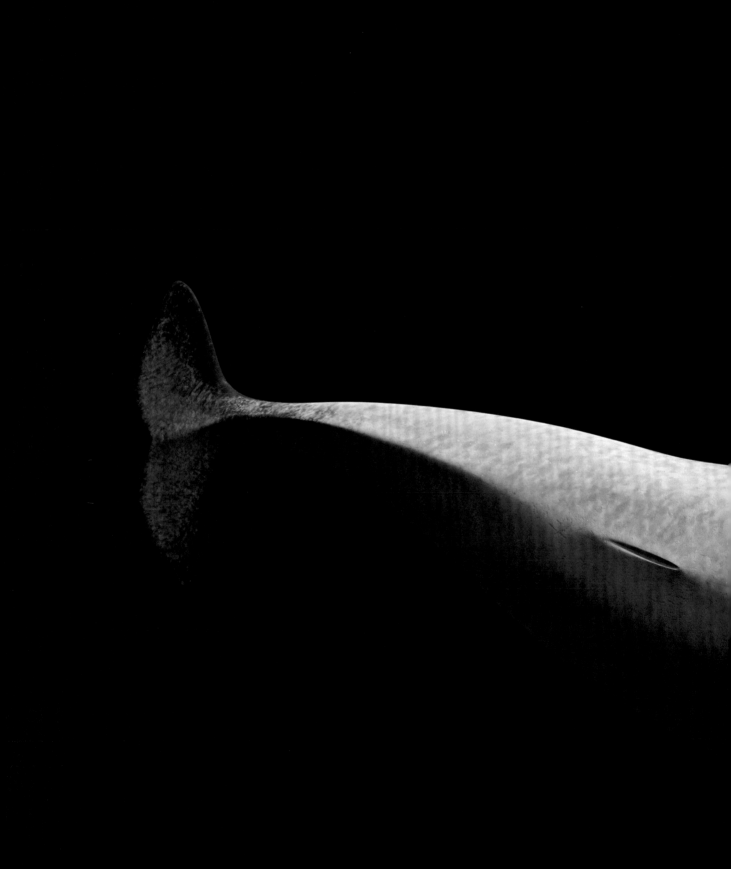

"鹤顶"难红
——盔犀鸟

犀鸟科鸟类中体形最大，虽然长得有点凶，叫声有点凶，
但其实是一只温柔的爱情鸟。

中文名	盔犀鸟
英文名	Helmeted Hornbill
拉丁名	*Rhinoplax vigil*
家族	犀鸟目，犀鸟科，盔犀鸟属
昵称	犀鸟
荣誉称号	"森林农夫"，鸟界的"超级奶爸"，"活的恐龙"
现存野生种群规模	主要栖息地密度为 0.05~2.6 只 / 平方千米
保护级别	IUCN 极危（CR），CITES 附录 I

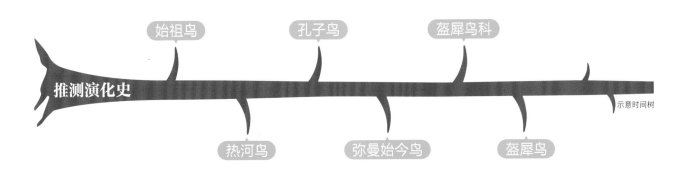

推测演化史

始祖鸟　孔子鸟　盔犀鸟科

热河鸟　弥曼始今鸟　盔犀鸟

示意时间树

求生本领

盔犀鸟是一种非常古老的鸟类，已经在地球上生存了近千万年，见证了地球的万千变化，被考古界称为"活的恐龙"。在历经沧海桑田之后，盔犀鸟们钟爱海拔 1,500 米以下的低山和山脚常绿阔叶林，主要分布在东南亚的文莱、印度尼西亚、马来西亚、新加坡、泰国和缅甸。

它们的食物以无花果等植物的果实和种子为主，最爱一种叫作绞杀榕的植物果实。觅食时，它们常常先将食物抛在空中，然后用嘴准确无误地一口叼住。消化不了的果核等食物残渣，则从胃中反出。一些植物就借助这个机会，在盔犀鸟长距离的飞行往来中，被撒播出去。它们就像是森林上空的"播种机"，拥有"森林农夫"的称号。

我的形象我做主

成年盔犀鸟身高可达 1 米多，雄性体重约 3.1 千克，雌性体重在 2.6~2.8 千克。盔犀鸟有一双美丽的红褐色大眼睛，眼周皮肤呈深红色，皱皱巴巴如同老年人的皮肤，典型的大头、宽翅膀、长尾巴，羽毛呈褐色或黑色，上面通常都有明显的白色标记。引人注目的是，盔犀鸟有着巨大的头骨，整个实心的头骨向前突出，与喙相连，颅脑被脑门儿保护在后面，重量占全身重量的 10%，盔犀鸟的名字就和这块头骨密切相关。

独一无二的秘密

▷ 虽然长相奇特，声音也不温柔，但性情非常温顺

▷ 雄性盔犀鸟通过在飞行过程中顶撞对手争取配偶权，谁的头盔更发达、颜色更鲜艳，优势就更大

▷ 鸟界坚定不移的"一夫一妻"制度拥护者

▷ 会把家安在悬崖绝壁上的石洞、石缝或树洞底部，有的巢可以连续用上好几年

▷ 盔犀鸟夫妻二人分工明确，鸟妈妈产完卵后全职带娃，直到宝宝羽翼丰满，鸟爸爸负责全家饮食，整个孵育过程超过 160 天

谁在威胁它们

雄性盔犀鸟头盔为红色，是由生长过程中脂腺分泌逐渐浸染而成。盔犀鸟的头骨坚硬且色泽艳丽，用其头骨雕刻成的制品一度被追捧，导致盔犀鸟遭到有目的的捕杀，数量开始减少。2013 年，仅在印度尼西亚的西加里曼丹省，每月就有约 500 只盔犀鸟被偷猎。

盔犀鸟赖以生存的栖息地丧失和破碎化也是其数量下降的另一个重要因素。基于遥感数据的森林损失分析显示，盔犀鸟分布区的森林总面积已从 2000 年的 64.3 万平方千米下降至 2012 年的 56.5 万平方千米，减少了 12%。

谁在保护它们

盔犀鸟被 IUCN 列为极危物种，并被列入 CITES 附录 I。2016 年，IUCN 第六届世界自然保护大会敦促国际社会采取行动，支持加大保护盔犀鸟的力度。同年，CITES 第 17 次缔约方大会提出关于盔犀鸟保护和贸易的决议，禁止一切商业性国际贸易。

除此之外，各国政府、科研单位、自然保护主义者也积极采取行动保护盔犀鸟。例如，政府支持森林社区的生计，从而降低狩猎的动机。科研人员监测整个物种活动范围内的种群数量，以确定下降的幅度和活动范围收缩的速度。这些举措在一定程度上减少了盔犀鸟受到的威胁。

国门救援

中国、印度尼西亚、老挝、泰国、马来西亚等国家的海关高度重视盔犀鸟及其制品的走私活动。根据 TRAFFIC 发布的数据显示，2010—2017 年，这些国家查获案件共 59 起，涉及至少 2,878 件盔犀鸟尸体、头骨和制品，案值超过 300 万美元，这是有史以来该物种走私最为严重的时期。

2017 年 3 月，广东海警一支队和深圳海关缉私局联合行动，在三门岛附近等海域一举查获多艘跨境走私船，缴获盔犀鸟头骨 138 个。

2017 年 8 月，深圳海关所属皇岗海关在一名旅客行李内发现 14 个用黑色塑料胶带密实缠绕的盔犀鸟头骨。

拯救未来

　　盔犀鸟是一种古老的鸟类，它见证了这颗蓝色星球的万千变化。盔犀鸟生活在热带、亚热带环境中，需要在质量较好的森林中栖息和繁衍。因此，保护盔犀鸟也相当于保护整个森林生态系统。文化艺术的传承和流芳，不该以无辜的生命为代价。希望通过我们的努力，人与自然能够实现和谐共生。

24/43

狩猎之王
——猎隼

隼是猛禽中飞行迅捷、雷厉风行的高冷代表，而猎隼又是其中的佼佼者。

中文名	猎隼
英文名	Saker Falcon
拉丁名	*Falco cherrug*
家族	隼形目，隼科，隼属
昵称	猎鹰，鸽鹞，兔虎
荣誉称号	不想被人类支配的狩猎之王
现存野生种群规模	12,200~29,800 只
保护级别	IUCN 濒危（EN），CITES 附录 II，国家二级保护野生动物

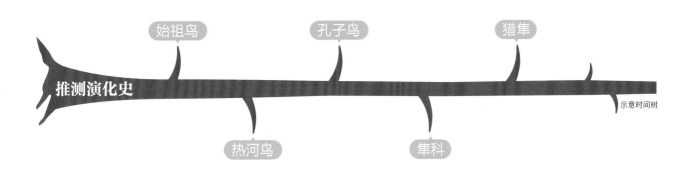

推测演化史

始祖鸟　　孔子鸟　　猎隼

热河鸟　　隼科

示意时间树

我的形象我做主

猎隼体长 45~57 厘米，翼展 97~126 厘米。与很多隼类一样，雄性猎隼体形比雌性猎隼小，在体重上，雌性能达到 1 千克以上（970~1,300 克），而雄性往往只有 800 克左右（730~990 克）。因此，从外观上看，雄鸟比雌鸟小了一大圈。

猎隼的背部呈黄褐色，头部除了头顶有暗红色的羽梢外，整个脑袋偏白色，还长着一道醒目的白色眉纹，十分提神。从整体上看，猎隼是一种体色偏浅的隼类。

求生本领

猎隼是一种迁徙鸟类，分布十分广泛，欧洲、非洲、亚洲都有它们的身影。在迁徙和越冬时，猎隼有可能出现在中国东北的南部地区，乃至河北、北京、河南等地，甚至在东部地区也偶有记录。

猎隼能适应的生境很广，常见于海拔 2,000 米以下的环境，但最高也能达到海拔 4,700 米，森林和湿地中也会有它们的身影。猎隼最喜爱的生境是草原和荒漠地带，一些树木或悬崖是猎隼喜爱的停栖地点。

猎隼的猎物以鼠类、兔子等啮齿动物为主，中小型鸟类和蜥蜴也在它们的食谱上，甚至体形偏大的涉禽、游禽和陆禽，乃至健壮的小型兽类，也会登上它们的菜单。

独一无二的秘密

▷ 需要有开阔的空地

▷ 惯用的捕食方式是在水平方向高速追逐猎物，飞行速度可达 120~150 千米 / 时

▷ 常常花几个小时站在有利地点监视四周，寻找目标

▷ 在飞行时，喜欢在快速振翅后做短距离滑翔，偶尔也会在空中盘旋，形象颇为飘逸

谁在威胁它们

对于很多鸟类而言，栖息地的破坏与丧失、人为捕杀是它们致危的主要因素，猎隼也不例外。不过对于猎隼而言，主要受胁因素还包括目的性极强的人为捕捉、贩卖、走私和非法饲养。

猎隼形象威武，在地面和空中都是捕猎能手，甚至还会主动驱赶其他接近自己领地的大型猛禽。所以在古代，猎隼是一些北方游牧民族和中东地区推崇的"狩猎工具"。不过，随着人类社会的发展，如今所谓的驯鹰者、驯隼者，更多的是将驯养猛禽作为彰显其身份、财富和地位的象征，这一点在中东地区的一些国家尤为突出。猎隼就是他们最喜爱的驯养对象之一。

谁在保护它们

IUCN 将猎隼列为濒危（EN）级别。国际鸟盟（Birdlife International）评估结果显示，猎隼的数量近年来一直处于持续下降的过程中。在中国，猎隼被列为国家二级保护野生动物。作为 CITES 附录 II 所列物种，目前允许猎隼合法出口的国家并不多，出口量也极其有限。

国门救援

中国海关多年来一直对猎隼走私进行严厉打击。

1993—2000 年，北京海关所属首都机场海关旅检处查获非法走私猎隼 420 只。仅 1999 年一年，新疆共查获走私出境的猎隼 186 只。

2008 年，宁波海关破获一起走私珍贵动物案，当场查获猎隼 30 只。经查明，除此次查获的 30 只猎隼外，该犯罪团伙还走私出境猎隼 3 次，累计数量达 82 只。

拯救未来

　　猎隼拥有完美的身形、迅猛的速度、强劲的力量，和人类一样，都是大自然演化的杰作。人类欣赏猎隼、崇拜猎隼本无可厚非，但捕捉猎隼，将其作为玩赏的宠物，高价攀比售卖，实在让人心寒。作为自然界中成功的空中猎手、狩猎之王，猎隼不应被人类支配，自由的天空才是猎隼真正的家园。

鸟界"爱因斯坦"
——非洲灰鹦鹉

身披灰色装、戴着白色眼镜框，尾巴着火像"飞侠"，表达能力强、鬼点子多，堪称鸟界"爱因斯坦"。

中文名	非洲灰鹦鹉
英文名	African Grey Parrot
拉丁名	*Psittacus erithacus*
家族	鹦形目，鹦鹉科，非洲灰鹦鹉属
昵称	灰鹦鹉，灰鹦
荣誉称号	鸟类世界的"爱因斯坦"，飞侠
现存野生种群规模	全球数量 560,000~12,700,000 只，世界各地的数量持续减少
保护级别	IUCN 濒危（EN），CITES 附录 I

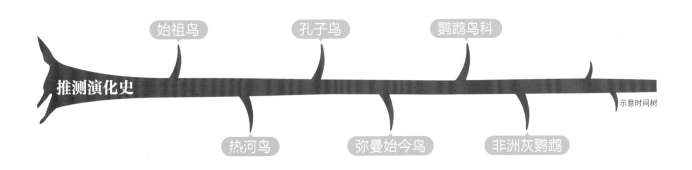

推测演化史

始祖鸟　孔子鸟　鹦鹉鸟科

热河鸟　弥曼始今鸟　非洲灰鹦鹉

示意时间树

求生本领

非洲灰鹦鹉通常居住在茂密的森林中，喜欢食用各类种子和果实，如坚果、水果、浆果等，有时也会吃花和树皮，以及昆虫和蜗牛，甚至会到农作物田地中觅食。它们是一种迁徙鸟类，季节性迁徙练就了其在长途跋涉中觅食的本领。

非洲灰鹦鹉喜欢热闹，经常一起休息、交流、嬉戏。它们还是天生的口技高手，擅长模仿其他鸟类和哺乳动物的声音，也会模仿人类的语言。

非洲灰鹦鹉很专情，严格执行"一夫一妻"制，繁殖期开始于3岁左右。

我的形象我做主

非洲灰鹦鹉身高只有33~44厘米，体重400~490克。它有圆圆的脑袋、短短的尾巴，尾羽如火焰般鲜红美丽，羽毛呈深浅不一的灰色，眼睛周围有一片狭长的白色裸皮，虹膜是黄色的，嘴巴是黑色的。非洲灰鹦鹉还是"寿星"，可以在地球上生活大约半个世纪！

谁在威胁它们

威胁非洲灰鹦鹉生存的主要因素包括栖息地丧失、退化和破碎化，以及贸易引发的盗猎等。

森林退化是导致非洲灰鹦鹉数量下降的原因之一。非洲灰鹦鹉喜欢把家安置在古老树木树干高处的树洞里，而这些带有筑巢洞的原始森林多数面临着砍伐、木材开发等压力。加纳、喀麦隆、肯尼亚、刚果(金)、几内亚等国的非洲灰鹦鹉家园都受到类似的威胁。

由于寿命长、天生丽质、聪慧等特质，非洲灰鹦鹉是很多地区很受欢迎的宠物鸟类之一。尽管令人喜爱，但持续的盗猎和非法贸易已对野外的非洲灰鹦鹉种群产生极大影响，并且长途运输导致敏感的灰鹦鹉死亡率非常高。

独一无二的秘密

▷ 平均寿命约 50 岁

▷ 天资聪颖，智商高，鬼点子多，智商相当于人类 3~7 岁

▷ 群居动物，群居成员达 10,000 只以上

▷ 火红的扇形尾羽是雄性非洲灰鹦鹉明显的标志

▷ 会以投喂的方式追求伴侣

▷ 情绪不稳定，不要随意招惹它

谁在保护它们

2016 年，IUCN 将非洲灰鹦鹉的濒危等级调整为濒危（EN）。考虑到贸易对非洲灰鹦鹉野外种群的影响，同年，非洲灰鹦鹉被列入 CITES 附录 I，仅允许喀麦隆和刚果（金）每年分别有 3,000 只和 5,000 只的出口配额。在中国，非洲灰鹦鹉作为国家一级保护野生动物进行管理，没有特殊许可的话，非法获取会受到法律的制裁。

国门救援

2019 年，青岛海关缉私局接到线索，经过侦查发现，嫌疑人及其同伙从边境将灰鹦鹉蛋走私进境，通过转机到达青岛。海关人员随后查获了嫌疑人随身携带的灰鹦鹉蛋 40 枚，并成功抓获了其他 3 名嫌疑人。

拯救未来

　　非洲灰鹦鹉本该过着悠闲舒适、幸福美满的生活，可它们的聪慧和可爱却给自己带来了灾难。宠物贸易对它们造成了惨重的打击。盗猎者不仅盗猎成年鹦鹉，连巢中的小鹦鹉、鸟蛋也会被尽数抓走。抑郁的灰鹦鹉会一根根拔光自己的羽毛，孤独终老。被养在笼中的灰鹦鹉甚至可能感染鸟类多瘤病毒。非洲灰鹦鹉这个尾巴着火的"飞侠"，也是需要被爱的。希望你的爱，能让它们的每一片羽毛都闪耀着自由的光辉。

26/43

龟中人气王
——苏卡达陆龟

身披铠甲似坦克，腿上长刺当武器，非洲大陆陆龟体形第一名。

中文名	苏卡达陆龟
英文名	African Spurred Tortoise
拉丁名	*Centrochelys sulcata*
家族	龟鳖目，陆龟科，苏卡达陆龟属
昵称	苏卡达象龟，苏卡达龟，非洲刺龟，胫刺陆龟，大苏
荣誉称号	非洲大陆陆龟体形 No.1，世界陆龟体形 No.3
现存野生种群规模	18,000~20,000 只，均分布在非洲大陆
保护级别	IUCN 濒危（EN），CITES 附录 II

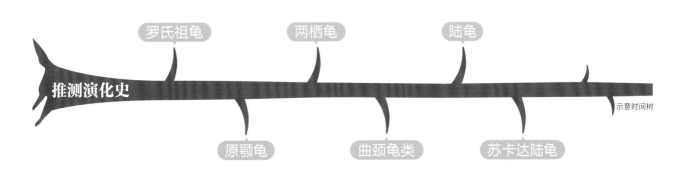

推测演化史

罗氏祖龟　两栖龟　陆龟

原颚龟　曲颈龟类　苏卡达陆龟

示意时间树

我的形象我做主

苏卡达陆龟体形庞大、霸气，粗壮、圆柱形的四肢顶着厚重的、隆起的背甲。成年雄性体重可超过100千克，体长可达86厘米，雌性体长可达57.8厘米。有记录的最大成年雄性体长106厘米，体重102千克。别看它体形大，其实是个"灵活的胖子"。

头部及四肢呈象牙色至棕色不等，前脚满布尖刺状的鳞片，后大腿两侧上有2~3枚粗大的角状刺，甲壳上没有花哨的纹饰。

求生本领

苏卡达陆龟的家乡在非洲的撒哈拉沙漠以南地区，这里气候条件非常恶劣，炎热干旱，植被稀少，是地球上最不适合生物生存的地方之一。苏卡达陆龟就生活在沙漠外围及热带稀树草原等开阔干燥区域，主要分布在埃塞俄比亚、苏丹、塞内加尔、马里、乍得等国。

苏卡达陆龟是素食主义者，主要依赖高纤维的植物，如青草、仙人掌、蒲公英等。因为对这些高纤维的植物吸收率比较低，所以需要不断进食，是出了名的"大胃王"，可以从早上一直吃到黄昏。偶尔也会开开荤，进食一些容易获得的动物尸体。苏卡达陆龟靠着食物中的水分维持体内足够的含水量，皮肤具有高度不渗水性。成年的苏卡达陆龟是典型的"旱鸭子"，只能在陆地上生活。

独一无二的秘密

▷ 平均寿命 50~80 岁

▷ 繁殖季节从第一年的 9 月到次年的 5 月

▷ 高产的陆龟，每个繁殖季节产卵 45 枚左右，但在野外成活率较低

▷ 前后肢上的刺状鳞片和发达的爪，是它强大的掘洞工具，掘洞能力强

▷ 干燥炎热的季节都在洞中躲避高温，同时也能保持体内的水分

▷ 多在清晨、黄昏或气候湿润的季节在地面活动

▷ 活动能力强，是所有大型陆龟中移动速度最快的

▷ 耐高温能力强，可耐 40℃高温

▷ 膀胱具有较强的储存尿液及浓缩尿液的能力，超级能憋尿

谁在威胁它们

根据 IUCN 红色名录，栖息地的丧失和破碎化对苏卡达陆龟的威胁约占 60%，气候变化约占 25%，当地的蛋和肉类消费约占 10%，用于宠物、食品、药品的贸易约占 5%。

栖息地丧失和破碎化是导致苏卡达陆龟数量减少的重要原因。过度放牧、持续干旱，导致撒哈拉沙漠环境持续恶化，苏卡达陆龟的栖息地不断萎缩。

由于气候的变化，加上撒哈拉沙漠地区人类活动对植被的破坏，导致雨季持续干旱，夏季越发炎热，沙漠化日趋严重，既挤占了苏卡达陆龟的栖息地，也是对它生存的严峻考验。

撒哈拉沙漠地区经济不发达，生活物资不丰富，加上政治不稳定等因素，当地人的生活仍很贫困。捡拾龟蛋当作食物、杀龟吃肉成了人们改善生活的一种方式。

宠物市场贸易是苏卡达陆龟的另一大受胁因素。1990—2019 年，国际濒危物种贸易监测数据表明，共有近 40 万只活体苏卡达陆龟被供应于宠物市场。

谁在保护它们

目前，苏卡达陆龟分布的部分国家已为该物种建立了多个保护区，有多个国家建立了苏卡达陆龟国家公园。

在中国，苏卡达陆龟被依法核准为国家二级保护野生动物。没有合法的批准文件，进出口、杀害、运输、收购和出售该物种及其养殖种群，都需要承担一定的刑事责任。

国门救援

2019 年，南京海关所属无锡海关缉私分局联合无锡市公安局，对一起走私、出售珍贵、濒危野生动物案件开展联合行动，抓获犯罪嫌疑人 10 名，查获濒危野生陆龟 989 只，其中包括豹纹陆龟、辐射陆龟、赫尔曼陆龟和苏卡达陆龟等。

2020 年，广州南沙警方抓获涉嫌非法收购、运输、出售珍贵、濒危野生动物的犯罪嫌疑人 4 名，查获苏卡达陆龟 13 只。

拯救未来

苏卡达陆龟是地球上众多生物的一种。不可忽视的是，在遥远的非洲，它们还在被猎捕，族群数量正在日益减少。不要让苏卡达陆龟因为人类的爱好而逐渐消亡，请让它们回归自然，过上自由自在的生活。

偏安一隅的贵族
——安哥洛卡象龟

陆龟中的庞然大物，身披黄金遁甲，坚硬的外表下藏着一颗柔软的心。慢熟、恋家、与世无争，世界再大，也只想偏安一隅，做龟中"贵族"，期待岁月静好。

中文名	安哥洛卡象龟
英文名	Ploughshare Tortoise
拉丁名	*Astrochelys yniphora*
家族	龟鳖目，陆龟科，马岛陆龟属
昵称	安哥，犁头龟
荣誉称号	巨象，陆龟身价 No.1
现存野生种群规模	野外种群数为 440~770 只
保护级别	IUCN 极危 (CR)，CITES 附录 I

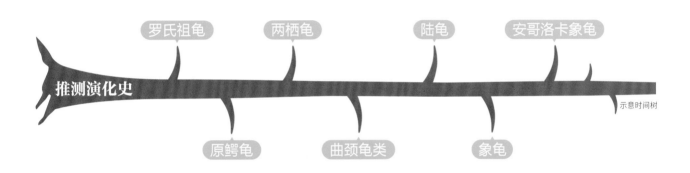

推测演化史

罗氏祖龟　两栖龟　陆龟　安哥洛卡象龟

原鳄龟　曲颈龟类　象龟

示意时间树

我的形象我做主

  安哥洛卡象龟是陆龟界的庞然大物，腿部像象腿一样粗壮。其实，刚孵化出来的龟宝宝只有乒乓球那么大。成年后，雄性的平均长度约为 41 厘米，体重约为 10.3 千克；雌性的平均长度约为 37 厘米，体重约为 8.8 千克。背甲呈球状隆起（雄性背甲较高）。每块甲上都有明显的像年轮一样的同心圆，从内圈的金黄色往外，颜色逐渐加深。前脚间突出的胸甲仿佛一个"犁头"长长举起在胸前，腹甲为淡黄色，前半部比后半部大（雄性更为显著），黄色的尾巴细短。

求生本领

  安哥洛卡象龟生活在马达加斯加岛西北部沿海区域的干燥森林和海岸，仅为岛屿面积的万分之一，这里是它们唯一的家园。它们喜欢躲在草丛或灌木丛下纳凉休憩，只在早晨或傍晚，在干燥的落叶林、草原和红树林沼泽活动，以植物的茎叶和果实为食，是典型的素食主义者。临海而居，却只饮用淡水。

  安哥洛卡象龟圆球状的背甲以每年 1~2 厘米的速度缓慢生长，要 20 年才能成年。每年的 11 月到次年 4 月，是它们最为活跃的时期。成年后的雄性为了求偶会展开争斗，用特有的武器"犁头"互相打斗，挑翻对方。输了的一方不仅失去了争夺配偶的权利，还要想办法让自己尽快"翻身"。交配后的雌龟会挖坑产卵，约 200 天后，完成孵化的幼龟钻出地面，开始独立生活。

谁在威胁它们

马达加斯加当地人刀耕火种的开垦方式，让安哥洛卡象龟赖以生存的栖息地不断萎缩，这里80%的原始林地已被毁坏。此外，在引入包括家猪在内的众多家畜后，马达加斯加岛原本的生态平衡也被打破。要命的是，逸散到野外的家猪喜欢掠食幼龟和龟卵，这让原本就"慢熟"的象龟繁衍变得更加"后继无人"。

龟素有长寿的美好寓意，再加上安哥"金黄"出众的外貌和极危的状态，在人类虚荣心的驱使下，非法宠物贸易猖獗。

在理想条件下，一只雌龟每年最多可以生育4次，每次最多产6枚卵，受精率约为72%，孵化成功率约为55%。因此，繁殖力低下加上幼龟在成长过程中的夭折因素，能够长大成年的个体寥寥无几，安哥洛卡象龟野生种群的恢复可谓任重道远。

独一无二的秘密

▷ 平均寿命 50~100 岁

▷ 孵化周期约 200 天

▷ 虽然生活在干燥的草原和灌木丛中，但是喜欢湿润的空气

▷ 喜欢沐浴阳光，生活在温暖的地方，一旦温度降到 14 ℃以下，就会进入冬眠状态

▷ 雄性的腹甲前端凸起巨大喉盾，像"犁头"一般，是它们的看家"法宝"

▷ 喜欢刨洞，雌性会在产卵前刨洞用于孵化

谁在保护它们

安哥洛卡象龟是马达加斯加当地人心中的骄傲。为拯救这一当地特有物种，马达加斯加水土森林和野生动物保护部门于 1986 年制订了拯救计划。安哥洛卡象龟在马达加斯加的栖息地已经被划入巴利湾国家公园。当地人也逐渐意识到安哥洛卡象龟居住环境的恶化，自觉采取保护行动。安哥洛卡象龟的人工繁育异常困难，但是依然有许多机构组织积极加入保护性繁育的行动中。

国门救援

根据 CITES 发布数据，2000—2015 年，已知全球共查获 18 起走私安哥洛卡象龟案件，涉及 146 只个体，其中包括 2013 年泰国警方在曼谷国际机场查获的 54 只来自马达加斯加的安哥洛卡象龟，这几乎是当时野生种群总数的 10%。

2019 年 7 月，中国台湾地区查获一起走私活体龟案件，涉及 2 只安哥洛卡象龟。这批货物来自马来西亚，进入中国台湾时，报关信息填写为 "热带鱼 1 批共 15 箱"。

拯救未来

安哥洛卡象龟从马达加斯加当地的森林大火和栖息地萎缩中幸存下来，它们对马达加斯加岛的野外生存环境依赖性极强，幼龟生性孤僻，对环境变迁十分敏感，对食物的种类也十分挑剔，离开栖息地将很难存活。

它们可能从未想过，会因为自己的 "高颜值" 而遭到人类的觊觎。为了减少偷盗，马达加斯加岛当地的保育机构，在确保不伤及骨质层的情况下，在安哥洛卡象龟的背甲上刻上几毫米深的印记并标上编码。这种印刻不只针对成年象龟，对安哥洛卡象龟宝宝也是如此。如果幸运的话，它们将在马达加斯加岛的一隅安静度过数十年甚至上百年。

有"辐"气的生活
——辐射陆龟

背甲花纹光芒四射，堪称外表最靓、寿命最长的陆龟，期待能过上有"辐"气的生活。

中文名	辐射陆龟
英文名	Radiated Tortoise
拉丁名	*Astrochelys radiata*
家族	龟鳖目，陆龟科，马岛陆龟属
昵称	放射龟，射纹龟，辐纹龟，菠萝龟，蜘蛛龟
荣誉称号	自带太阳光芒的海岛陆龟
现存野生种群规模	1,600,000~4,000,000 只，仅分布在马达加斯加
保护级别	IUCN 极危（CR），CITES 附录 I

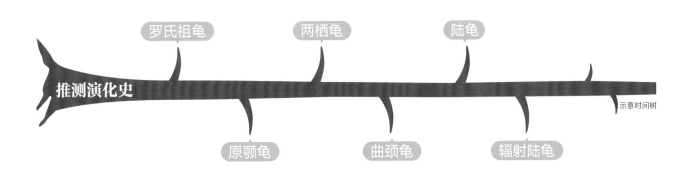

推测演化史

罗氏祖龟　两栖龟　陆龟

原颚龟　曲颈龟　辐射陆龟

示意时间树

我的形象我做主

四肢粗壮，趾间无蹼，背腹具甲，成年雄性背甲长为 28.5~39.5 厘米，成年雌性背甲长为 24.2~35.6 厘米。背部有高高隆起呈半球形的甲壳，最引人注目的是背部呈现太阳光芒辐射状的花纹，"辐射陆龟"的名字由此而来。背部每块甲片中央有一个黄色或橘色的中心，由中心向外辐射出 4~12 条同颜色的条纹。这些条纹还会随着生长不断改变，可以一分二、二分四，绚烂多变的纹路增添了神秘感。

求生本领

辐射陆龟栖息于马达加斯加南部和西南部由干燥多刺植物所形成的小型森林中，这片区域是一片 50~100 千米范围的窄条带状区域。

辐射陆龟为晨昏性动物，通常在一天中的清晨和傍晚比较兴奋。辐射陆龟以食草为主，野生环境下喜欢吃大戟科植物和多棘刺植物，有时也会开开荤，补充些动物蛋白。在雨季，还会喝石头上汇集的雨水。有时也会为自己的生存环境而战，以外来入侵的仙人掌植物为食。

独一无二的秘密

▷ 平均寿命 100 岁以上

▷ 繁殖季节从头一年 12 月到次年 5 月，每季产卵 8 枚左右，孵卵期 263~340 天

▷ 腹甲左右两侧的花纹也是放射纹

▷ 会聚集在一起等降雨喝水，在雨中摇摆身体，跳起舞蹈

▷ 是有星状花纹陆龟中个体最大的一种陆龟

谁在威胁它们

根据 IUCN 红色名录记录，辐射陆龟的受胁因素主要包括栖息地丧失和猎捕。

栖息地丧失包括砍伐森林用作农地和放牧。1970—2000 年，辐射陆龟的栖息地每年持续减少 1.2%。2007 年 5 月，国际保护组织利用航空图片对辐射陆龟分布地的森林状况进行分析，发现森林砍伐率仍在显著增加。同时，入侵的植物物种会影响辐射陆龟的生存环境，对其生存也是一个重大威胁。

国际宠物贸易和当地居民自用，是对辐射陆龟大肆捕猎的重要原因。辐射陆龟花纹美丽、性情温顺等特点，使其在宠物龟市场颇受欢迎。另外，在圣诞节和复活节前后，马达加斯加当地居民对于龟肉有一定的市场需求。当地保护区反盗猎力量不足，很难有效遏制这种猎捕行为。

国门救援

2019 年，上海侦破一起集走私、运输、网络贩卖为一体的非法收购、出售辐射陆龟等珍贵、濒危野生动物案，先后抓获犯罪嫌疑人 8 名，查获辐射陆龟等珍稀陆龟 53 只。

2020 年，17 人因非法出售、收购珍贵、濒危野生动物被定罪量刑，其中包括非法出售包括辐射陆龟在内的 25 只陆龟的宠物店经营者。

拯救未来

辐射陆龟的花纹像极了太阳的光芒，非常美丽。它们有生命，有自己的生活环境，有自己的生活方式。但是，当被人类猎捕、远涉重洋时，它们也会惊恐不安、水土不服。它们被严密包裹，不知有多少伙伴会命丧途中。喜欢它们就不要让它们成为宠物，请还它们自由。希望它们能在自己的家乡无忧无虑，过上有"辐"气的生活。

谁在保护它们

自 1960 年 10 月以来，辐射陆龟开始受到马达加斯加法律的保护。目前，马达加斯加为辐射陆龟建立了 4 个保护区和 3 个额外的保护点，在西南海岸的伊法蒂还建立了一个辐射陆龟圈养繁殖中心。龟类生存联盟（TSA）在马达加斯加南部设立了 4 个救护中心，以救护在打击偷猎和贩卖活动中没收而来的辐射陆龟。国际保护组织、当地林业官员和警察已经逐步加大当地辐射陆龟的保护力度，严格执行国家法律和国际公约。

29/43

美丽"龟"来
——玳瑁

背甲绚丽，四肢如桨，浩瀚大海阻隔不了对出生故乡的眷恋，梦想归来时依然美丽优雅。

中文名	玳瑁
英文名	Hawksbill Turtle
拉丁名	*Eretmochelys imbricata*
家族	龟鳖目，海龟科，玳瑁属
昵称	瑁，文甲，十三鳞，长寿龟，瑇玳，鹰嘴海龟
荣誉称号	衣着美丽指数 ★★★★★
现存野生种群规模	数据缺乏
保护级别	IUCN 极危（CR），CITES 附录 I，国家一级保护野生动物

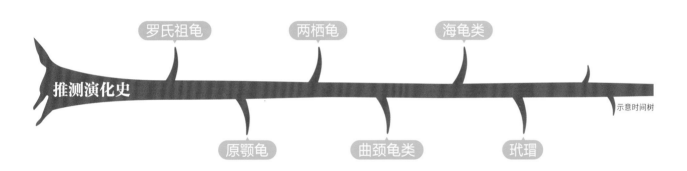

推测演化史

罗氏祖龟　两栖龟　海龟类

原颚龟　曲颈龟类　玳瑁

示意时间树

我的形象我做主

成年玳瑁体长约为 100 厘米，重 80~100 千克，个体最大体长能达到 170 厘米，重 200 千克。背甲有黄、黑、褐色放射状图案，色泽绚丽。

玳瑁背部中央有一条贯穿 5 片椎盾的脊棱，还有 4 对肋盾，左右对称分布在椎盾两侧，一共 13 片鳞，故被称为"十三鳞"。玳瑁的嘴巴独特，像鹰的嘴巴呈钩状，因此又得名"鹰嘴海龟"。

求生本领

玳瑁的祖先早在三叠纪时期（公元前 2.5 亿至前 2 亿年）就生活在地球上了（曾和恐龙做邻居），可谓穿越时空与人类来了一场真真实实的遇见，也是名副其实的"活化石"。或许正因为跨过千秋、游过万海，如今除了极少数比较寒冷的海域，它们广布于印度洋、太平洋、大西洋的热带和亚热带海域，在中国主要见于海南、广东、台湾、福建、浙江、江苏等沿岸海域。

有着洄游习性的玳瑁，只有回到出生那片沙滩才能产下蛋宝，无论在茫茫大海游了多远，凭着地磁导航的本领，数年之后依然能找回故乡。也许因为千里万里"阅"海无数，景色宜人、食物丰盛的珊瑚礁区成了挑剔的它们最中意的栖息环境，在那里它们捕食鱼类、虾、蟹、软体动物和海藻，生活悠闲自在。

独一无二的秘密

▷ 平均寿命 50~70 岁

▷ 生命中绝大多数时间都孤独地游荡在海里，只有交配时才会短暂相聚

▷ 蛋宝的性别是由温度决定的，温度高孵出的女宝较多，温度低孵出的男宝比较多

▷ 不知道自己的妈妈是谁，自从离开妈妈的身体，就注定了分别，甚至一辈子都不会相见

▷ 无法将头部和四肢缩进壳内，可不是"缩头乌龟"

▷ "毒王"僧帽水母是玳瑁最喜欢的美食之一

▷ 酷爱海绵，常常会吃一些富含硅质骨针的海绵，这类海绵通常含有大量二氧化硅

谁在威胁它们

　　尽管玳瑁一次可以产下 100 多颗蛋宝，但它们性成熟晚，成熟后每 2~4 年才交配一次，孵化出来的小玳瑁要经历风吹日晒、鸟蟹袭击，成活率仅有千分之一。

　　受气候影响，海平面上升淹没了玳瑁的产卵场，导致它们无法上岸产卵；珊瑚礁退化使它们赖以生存的栖息地减少；温度变化还会影响它们的性别比，进而影响繁殖能力。此外，涉海工程建设、经济活动以及海洋污染等对其生存环境都带来了威胁。

　　玳瑁背甲绚丽、晶莹剔透，这为它引来"杀身之祸"。人们对玳瑁背甲的过分追捧，给玳瑁带来了一定程度的危机。非法贸易、过度捕捞进一步加剧了玳瑁的危险境况。

谁在保护它们

早在 2008 年，玳瑁就被 IUCN 评定为极危（CR）物种。CITES 将玳瑁列入附录 I，禁止一切商业性国际贸易。在中国，玳瑁于 1989 年被列为国家二级保护野生动物，并于 2021 年升级为国家一级保护野生动物，其利用受到严格监管。

为了保护以玳瑁为代表的海龟家族，中国成立了中国海龟保护联盟，吸纳保护区管理机构、救护中心、科研院校、非政府组织、企业等作为成员单位，发挥各自优势，共同参与玳瑁等海龟保护事业。2021 年，农业农村部会同有关部门在中国西沙海域将罚没救助的 160 只海龟放归大海。

国门救援

2020 年 4 月，青岛海关查验关员在对连云港某公司从马达加斯加进口水晶原石等货物查验时，发现货物中夹藏玳瑁手镯 20 个、玳瑁扇子 4 把和海马干 24 只。

2021 年 5 月，江门海关所属鹤山海关通过快件渠道查获一批寄自澳大利亚、申报品名为"盘子"的"羽毛扇"，扇柄材质为玳瑁。

2021 年 6 月，成都海关所属成都双流机场海关关员在监管自开罗入境航班时，在一名旅客的托运行李箱中查获 2 件玳瑁制折扇。

拯救未来

美丽的玳瑁一生传奇，也一生坎坷。由于性成熟晚、成活率低，对气候和环境变化敏感，再加上受到非法捕杀、非法贸易、误捕等威胁，玳瑁已经濒临灭绝。

玳瑁等水生野生动物是生态系统的重要组成部分，对海洋的物质循环和能量流动十分重要，对珊瑚、海草床等关键生境的健康稳定也十分重要，它们是维系海洋生态平衡和生物多样性的重要链条。所以，保护玳瑁、保护海龟和我们息息相关。让我们从自身做起、从细微做起，让玳瑁能够美丽"龟"来。

山野间自由漫步的精灵
——大壁虎

懂得舍尾求生，体格是家族里最大的，是山野间自由漫步的精灵。

中文名	大壁虎
英文名	Tokay gecko
拉丁名	*Gekko gecko*
家族	蜥蜴目，壁虎科，壁虎属
昵称	蛤蚧，仙蚧，蛤蟹
荣誉称号	壁虎家族里的大块头
现存野生种群规模	数据缺乏
保护级别	IUCN 无危（LC），CITES 附录 II，国家二级保护野生动物

推测演化史

最古老的蜥类　　壁虎类

蜥蜴目　　大壁虎

示意时间树

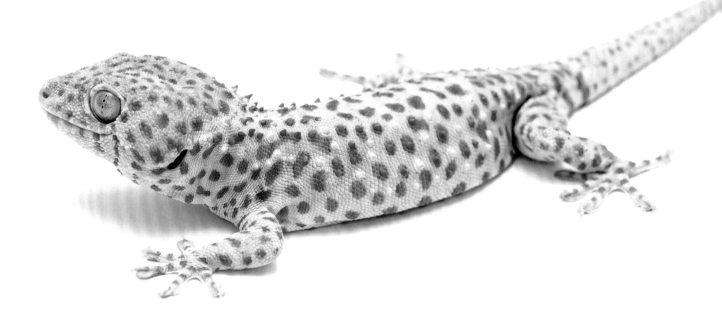

我的形象我做主

大壁虎有着三角形的大脑袋、像吸盘一样的爪子和一条跟身体差不多长的尾巴，皮肤粗糙，粒状的细鳞布满全身，体色非常丰富（深灰色、灰蓝色、青黑色等），背部还密布有许多橘黄色及蓝灰色斑点，尾部有深浅相间的环纹，腹面呈白色且伴有粉红色斑。作为壁虎家族里最大的种类，成年大壁虎体长可达30厘米，比一张A4纸还要长。雄性尾巴基部比较粗，雌性则细小些。

求生本领

大壁虎昼伏夜出，行动敏捷，以昆虫为食，如蝼蛄、蚱蜢、飞蛾、黄粉虫、蚕蛾等，有时也会捕食其他壁虎，甚至小鸟。但无论是吃什么，大壁虎对其新鲜度都有着自己的高标准——必须是活的。每当发现食物时，它们会先抬起头，然后慢慢接近猎物，当与猎物距离缩短到10~20厘米时，再纵身一跃张口咬食，一举吞入腹中。

大壁虎主要分布于南亚和东南亚，在中国广东、广西、香港、福建、云南及台湾也都有记录。大壁虎普遍栖息于岩石缝隙、石洞或树洞里，人类的居住区也能找到它们的身影。

吴颖 / 摄

独一无二的秘密

▷ 遇到强敌时，会选择自断尾巴，不久就会长出一条新的，但新尾巴就没有原来的那么长了

▷ 有一个奇怪的俗名，叫作"蛤蚧"，这其实来源于它们的叫声

▷ 每年的春末进行交配，然后整个夏天以及秋初，都是产卵季节

▷ 雌性大壁虎不会一次性将卵产完，而是每次产卵 2 枚左右

▷ 为争夺交配权，雄性大壁虎之间往往需要进行激烈的竞争，断过尾的大壁虎会在求偶时受到歧视

谁在威胁它们

造成大壁虎野生种群数量减少的原因主要是栖息的自然环境被严重破坏、人类的滥捕、非法贸易和日渐兴起的宠物贸易。

随着农业用地的增加和城市化进程的加速，大壁虎的自然栖息地遭到了严重的破坏。原来生活在平缓石山地带的大壁虎数量大幅减少。现存的大壁虎多藏身在人们无法攀爬的悬崖绝壁间的石缝处。除了栖息地的减少，非法捕捉和非法贸易也是威胁大壁虎生存的重要因素。

除此之外，大壁虎的大体魄和漂亮的花纹使其深受两栖爬行动物饲养者的喜爱。近年来，在宠物市场上出现了不少活体大壁虎的非法交易。

谁在保护它们

大壁虎于 2019 年已被列入 CITES 附录 II。1989年，大壁虎被列为中国国家二级保护野生动物。许多学者纷纷提出建立自然保护区、人工养殖和建立大壁虎繁殖规范化基地等建议。目前，保护大壁虎的理念已逐渐受到公众的重视，人们开始自发抵制非法行为。例如，2019 年，广西某市民将其在菜市场买入的 10只大壁虎干品放在自家阳台晾晒后用于泡酒，并把大壁虎照片上传至其微信健身群，后遭到群众举报。

国门救援

2020 年 3 月，海关总署统一指挥广州、合肥、成都等海关缉私局，破获一起走私国家二级保护野生动物制品案，一举抓获犯罪嫌疑人 12 名，现场查扣"干制蛤蚧"等野生动物制品 20.3 吨。

2020 年 9 月，广州海关所属广州白云机场海关关员在对一架柬埔寨金边飞抵中国广州的航班进行先期机检时发现，一名旅客的行李 X 光机图像显示异常。经开箱检查发现，行李箱中装有 12 袋切段后封袋包装的大壁虎干，另有完整的大壁虎干 2 条，总重约585 克。

拯救未来

为了生存，大壁虎不惜断去自己心爱的尾巴。面对气候变化，人类也正在用智慧和努力攻克各种挑战与困难，为保护大壁虎的栖息环境做出努力。大壁虎的药效、大壁虎的美丽，不能成为我们触犯法律红线的借口。

让我们从自身做起，拒绝非法大壁虎制品，不要试图把桀骜不驯的大壁虎当宠物饲养，让它们在山野间自由漫步。

水陆兼修的五爪金龙
——圆鼻巨蜥

世界上体形第二大的蜥蜴——圆鼻巨蜥。

中文名	圆鼻巨蜥
英文名	Asian Water Monitor
拉丁名	*Varanus salvator*
家族	有鳞目，巨蜥科，巨蜥属
昵称	水巨蜥，泽巨蜥，五爪金龙
荣誉称号	水陆兼修的五爪金龙
现存野生种群规模	数据缺乏
保护级别	IUCN 无危（LC），CITES 附录 II，国家一级保护野生动物

推测演化史

蜥类

巨蜥类

蜥蜴目

圆鼻巨蜥

示意时间树

我的形象我做主

　　成年圆鼻巨蜥体长 1.5~2.5 米，体重 20~30 千克，属于现生爬行动物中的庞然大物。有记载的最大个体，体长达到了 3.21 米，甚至超过了世界上现存体形最大的蜥蜴——科莫多巨蜥有记载的最长体长。不过圆鼻巨蜥体形更为苗条，最大体重也就 50 千克左右，与浑圆的科莫多巨蜥还是有一定差距的。

求生本领

　　圆鼻巨蜥是东南亚地区最常见的巨蜥。除此之外，还有一个孤立的种群生活在南亚的斯里兰卡。根据中国文献记载，广东、广西、海南、云南都有它们的分布记录。

　　圆鼻巨蜥又称为水巨蜥，反映了它所喜爱的栖息环境——湿地。正是因为游泳能力不错，所以在东南亚地区海岸边的沙滩地和红树林，也很容易看到它们的身影。对于那些居住地距离海岸较远，尤其是山区森林地带的圆鼻巨蜥个体而言，山间的溪流环境才是它们喜爱的栖身之所。

　　圆鼻巨蜥的食性很广泛，地面或水边出没的鸟类，水里的鱼、蛙、螃蟹等都是它们喜爱的食物，甚至鼠类和猴子等中小型哺乳动物，龟、蛇、其他蜥蜴乃至小鳄鱼等其他爬行动物，也常常成为它们的猎物。

独一无二的秘密

▷ 鼻孔是椭圆形或圆形的，因此才被称为圆鼻巨蜥

▷ 每只脚都有五个趾头，并长有利爪，又是中国唯一的巨蜥，被古人敬称为"五爪金龙"

▷ 头部窄而长，略微呈三角形，耳朵部位的鼓膜又大又明显

▷ 舌头是感知空气中的气味、探寻猎物的重要工具，舌头颜色呈现蓝紫色

▷ 背上有黑黄相间的 11 条纹路

▷ 体色主要为黑褐色，还有不少淡黄色的铜钱状花纹，相邻的花纹还会围绕成环状，身体两侧各有5 个

▷ 四肢上有不少零碎的黄色斑点，随着年龄的增长，这些黄色斑点会逐渐消失

谁在威胁它们

与很多野生动物一样，圆鼻巨蜥在自然环境中几乎没有天敌，但人类的活动却对它们的栖息环境造成了一定影响。圆鼻巨蜥是东南亚地区的常见蜥蜴，有人将它们养在家里当作宠物，有人捕捉它们，将它宣扬为美味佳肴，有人将它们的皮用于制作皮鞋、皮带和皮包等。大量年轻个体的消失，给圆鼻巨蜥的野外种群造成了极大的威胁。近年来，世界各地有不少异宠玩家热衷于收购和饲养这类大型蜥蜴，这也导致了它们野外种群数量出现衰退。

谁在保护它们

中国属于圆鼻巨蜥分布的北缘，圆鼻巨蜥的种群数量不多，甚至在一些地区已经多年未有野外记录。圆鼻巨蜥在东南亚地区分布广泛，能适应的栖息地多样，目前来看，尽管面临着威胁，自然种群数量衰退并不算特别明显，因此在 IUCN 中，圆鼻巨蜥被列为无危（LC）级别。但是，为了遏制无节制的非法贸易，在 CITES 中，圆鼻巨蜥还是被列入附录 II。在中国，圆鼻巨蜥被列为国家一级保护野生动物，禁止野外捕捉和交易。

国门救援

中国海关严厉打击巨蜥等濒危物种及其制品走私犯罪行为。近年来，海关相关部门曾查获多起巨蜥走私入境案件。

2000 年，深圳海关查获走私入境的巨蜥 793 条。2005 年 4 月，深圳海关缉私局查获走私入境的巨蜥 255 条。这样的数字触目惊心。

一些走私者甚至携带巨蜥幼体入境，主要目的是人工养殖或作为宠物，但个人饲养国家重点保护野生动物，本身就是违法行为。

拯救未来

作为世界上的第二大蜥蜴，圆鼻巨蜥本来可以安享热带地区的美好生活。但是人类的非法捕猎，以及妄图人工养殖、当作宠物，甚至在不喜欢时，随意丢弃，不仅损害了圆鼻巨蜥的野生种群，而且还触犯了法律，这样做得不偿失。古人既然敬之为"五爪金龙"，那我们就应该心存敬畏，还圆鼻巨蜥一个自由的世界。

我特别特别温柔
——球蟒

肚子上长着"游泳圈"，一点儿也不凶，还特别怂，遇到
危险就缩成球。

中文名	球蟒
英文名	Ball Python
拉丁名	*Python regius*
家族	有鳞目，蟒科，蟒属
昵称	皇蟒
荣誉称号	特别温柔的蛇类
现存野生种群规模	2012 年的研究显示，多哥和加纳每公顷密度达 0.84~2.77 条，尼日利亚每公顷密度达 6.6 条，中国没有野外分布
保护级别	IUCN 近危（NT），CITES 附录 II

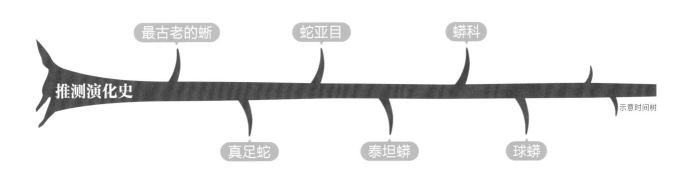

推测演化史

最古老的蜥　　蛇亚目　　蟒科

真足蛇　　泰坦蟒　　球蟒

示意时间树

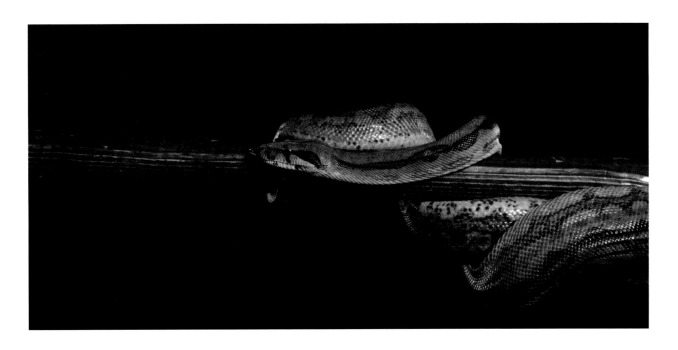

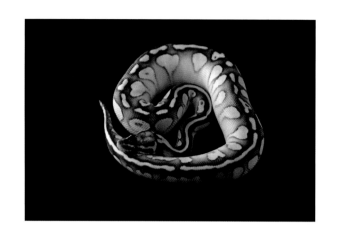

我的形象我做主

在蟒蛇家族里，球蟒体形娇小，成年后可以长到1~1.5 米，最长的有 1.82 米。它们有自己独特的审美标准，不以匀称或"水蛇腰"为荣，全体长着肥嘟嘟的腹部，成年雌性体形比成年雄性更肥壮。

野生球蟒身体呈黑色并带有黄色的花纹。人工培育后，球蟒花纹越来越多样，比如仅有白色和黄色的白化球蟒、有独特鲜黄色及斑点的香蕉球蟒，等等。

求生本领

野生球蟒主要分布在西非和中非的草原和稀疏森林，对温度的要求较高，喜暖怕冷，32℃左右是它们最喜欢的温度。它们只有在黎明或者黄昏的时候，才会从洞穴中爬出来寻觅食物。雄性球蟒倾向于捕食鸟类（占捕食总量的 70.2%），而雌性球蟒倾向于捕食哺乳动物（占总猎物的 66.7%）。在认怂这件事儿上，球蟒可是非常有自知之明，遇到危险时，它就会把自己缩成一个球，还把头藏在最中间。没错，这就是它唯一的自保策略，也是它名字的由来。

独一无二的秘密

▷ 遇到危险时就缩成球，性格温顺

▷ 寿命长，目前记录的最长寿球蟒有 62 岁

▷ 对温度敏感，当温度低于 28℃时，患病的概率就
  会大大提高；当温度低于 24℃时，食欲会严重下
  降，甚至出现不食的现象

▷ 孕妈妈产卵之后，会用自己的身体包裹住卵，通
  过高频次的肌肉震颤产生热量，帮助卵孵化，其
  间不吃不喝

谁在威胁它们

　　球蟒的受胁因素主要是不规范的野外捕猎、非法
贸易和不正确的养殖方式。

　　在加纳，当地有关部门明确要求唯有经过专业训
练，且拥有特定区域捕捉球蟒许可证的人员才可以去
捕捉球蟒。同时，要求养殖场场主将捕捉来的雌性球
蟒和繁衍后孵化出的 10% 的球蟒宝宝送回到野生环
境里。然而事实上，养殖场场主是否会按要求放生球
蟒宝宝无从可查，个别场主也曾坦言会将繁殖出的拥
有特别表型的球蟒售卖给海外买家。

　　在过去 40 多年间，西非向全球出口的球蟒超过
了 300 万条。对球蟒不规范的、非法的野外捕捉、运
输、售卖和饲养，都在无形中对球蟒种群造成了很大
的伤害。

谁在保护它们

球蟒生活在非洲，并非中国本土物种，但在中国，球蟒是参照国家二级保护野生动物来进行管理的，如未经许可，禁止任何个人交易和饲养。

近年来，随着公众野生动物保护意识的不断提升，在发现非法交易时主动举报的善举越来越多。2021年，北京海淀区某网友看到社交平台上有人分享饲养球蟒的照片，随即向派出所举报。经调查，民警依法将男子李某某抓获，现场查获其饲养的一条球蟒。

国门救援

2013年，上海海关从一名进境旅客行李箱中查获121条活体球蟒；2016年，成都海关从一邮寄进境的包裹中查获球蟒3条；2017年4月，深圳海关所属皇岗海关从一名进境旅客包中查获98条活体球蟒。

2019年5月，汕头海关缉私局根据前期情报开展查缉行动，查扣球蟒30条。在案发现场，海关缉私人员看到许多快递纸箱，邮递单上写的物品是"生日礼物（玩偶）"。但打开纸箱后，海关缉私人员发现纸箱内不仅有玩具，还有塑料薄膜袋和塑料盒，幼体球蟒就被藏在里面。

拯救未来

虽然在小说、电视剧里，蛇常被定义为"反派"，给人以负面的印象，蛇类动物的冷血特性也让人望而却步，然而，即使是一条毒蛇，也是大自然不可或缺的一部分，更何况温顺胆小的球蟒。

球蟒是蟒蛇家族里最温柔的。它们经历上万年的演化，在大自然中存活下来实属不易。每条生命都值得被尊重，保护球蟒，应该从认识它们独特的生活方式开始。愿它们不再漂泊远行，可以在广袤的非洲大地上自由自在地生活。

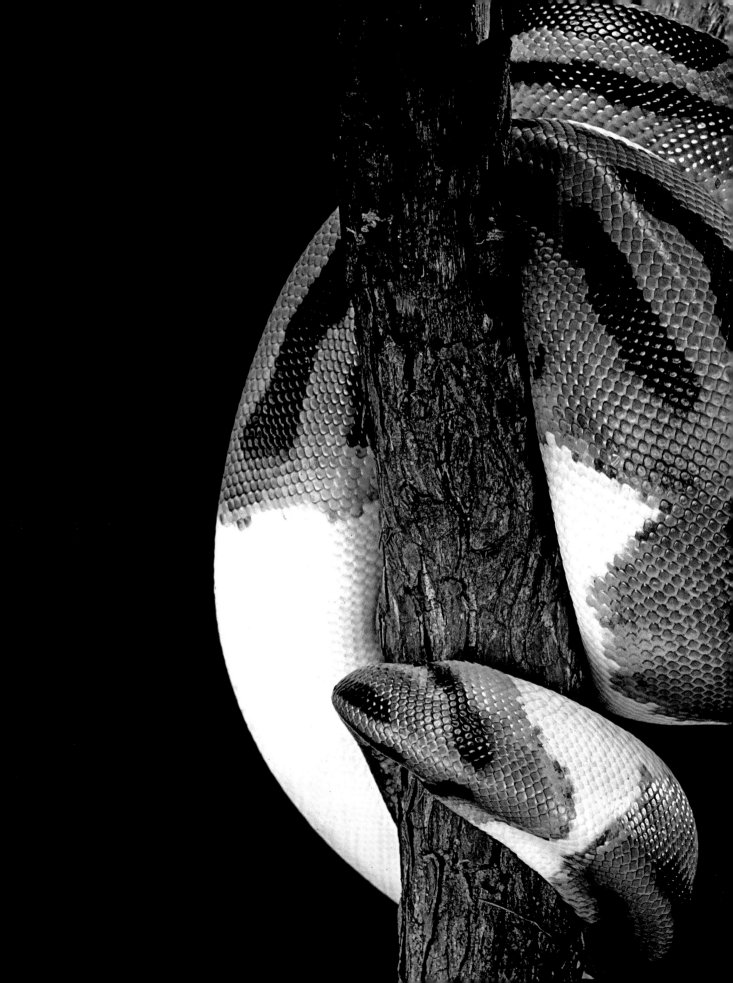

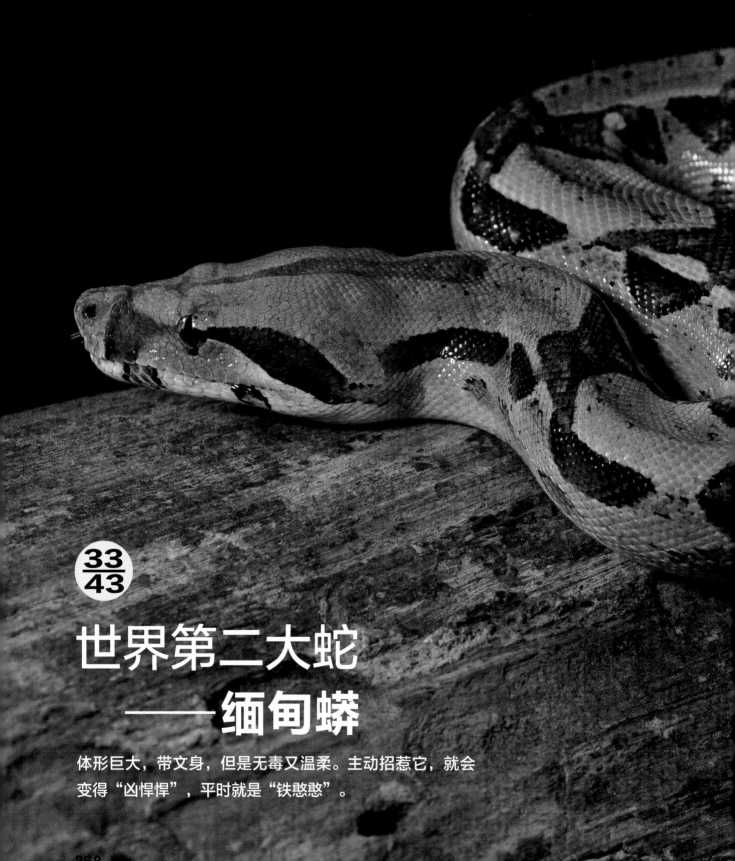

33/43

世界第二大蛇
——缅甸蟒

体形巨大，带文身，但是无毒又温柔。主动招惹它，就会变得"凶悍悍"，平时就是"铁憨憨"。

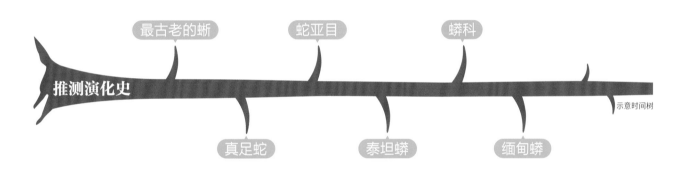

中文名	缅甸蟒
英文名	Burmese Python
拉丁名	*Python bivittatus*
家族	有鳞目，蟒科，蟒属
昵称	南蛇，琴蛇，双带蚺
荣誉称号	世界第二大蛇
现存野生种群规模	约 30,000 条
保护级别	IUCN 易危（VU），CITES 附录 II，国家一级保护野生动物

推测演化史

最古老的蜥　　蛇亚目　　蟒科

真足蛇　　泰坦蟒　　缅甸蟒

示意时间树

我的形象我做主

　　成年缅甸蟒平均身长3~5米，雌性略比雄性细长一些，但体重差异很大。身长相似的情况下，雌性的重量超出雄性的三分之一。腰粗，头大，吻端扁平，身上的花纹与长颈鹿的花纹有点相似，有斑状、块状、箭头状、云状，一套正儿八经的"迷彩装"。简单来说就是背褐，腹白，通身花纹。

　　缅甸蟒属于肉食性动物，根据各自体形，捕猎不同大小的食物，主要以哺乳类、鸟类和爬行动物为主。它们用尖锐的倒钩状牙齿咬紧猎物，然后用躯体捆绑住猎物，利用强劲的肌肉力量将其压死，然后一边分泌唾液来浸润食物，一边缓慢地吞下去。饱餐之后，它们一般会选择比较温暖安静的地方，呼呼大睡。

求生本领

　　缅甸蟒是冷血动物，要保持热量，就得生活在暖和的地方，如南亚和东南亚，以及中国南部的福建、江西、广东等地。它们喜欢栖息在水源附近，经常能在沼泽旁、山谷里发现它们的踪影。

　　缅甸蟒宝宝的活动区域很固定，通常是树上或地面上的一小块区域。当它们逐渐长大后，体重与身长与日俱增，就可以大胆地在地面上肆意游走了。

独一无二的秘密

▷ 雄性平均寿命 15 岁，雌性平均寿命 20 岁

▷ 孕期 2~3 个月

▷ 平均爬行速度 1.6 千米／时

▷ 雌性缅甸蟒孵卵时会把卵收缩成塔状，并用身体肌肉摩擦，让卵保持热量

▷ 在寒冷的冬季，会选在树洞或岩石下休眠

▷ 喜欢在晚上出动，是一种夜行性蛇类

▷ 通常 2 个月才会进食一次，有时 18 个月都不需要吃东西

▷ 游泳健将，能逗留于水中达半小时之久

▷ 身上会携带寄生虫，并且感染其他爬行动物

▷ 经常和美洲"原住民"短吻鳄打架

谁在威胁它们

栖息地缩小、破碎化、质量下降以及盗猎是导致野生缅甸蟒种群数量减少的重要原因。据 CITES 官方网站数据显示，2000—2008 年，世界蟒蛇皮进口数量累计 496 万张，其中以意大利、日本、美国、法国等为主要进口国。巨大的市场需求，给了投机分子以可乘之机，非法乱捕滥杀现象时有发生。

谁在保护它们

早在 1973 年，缅甸蟒就被列入 CITES 附录 II。IUCN 将其列为易危（VU）物种。中国的缅甸蟒种群数量约占全球的 5%。中国已将缅甸蟒列入国家一级保护野生动物。

东南亚一些地区已经成功进行了缅甸蟒人工繁育，为该物种的存续打下了坚实的基础。在中国海南，经过多年的人工饲养繁殖，形成了 6 万条繁育种群。科学家们对缅甸蟒进行了个体芯片标识和谱系记录，为重新引入野外种群提供了充分可靠的种源。

2011 年，中国首次蟒蛇野外资源恢复工程在海南全面实施，100 条人工繁殖和救助的缅甸蟒在呀诺达热带雨林被放归大自然。此外，云南野生动物园、广西柳州动物园、上海动物园等动物园都有缅甸蟒繁育成功的案例。

国门救援

2009 年 4 月—2015 年 4 月，海南某科技公司累计走私蟒蛇 4,550 条，珍贵动物制品蟒蛇皮 61,790 张（共计 5,112.05 米），蟒蛇蛋 29,008 个，蟒蛇肉 28,097 千克，蟒蛇油 6,254 千克，鳄鱼皮 152 张，案值达 5.56 亿元。该公司分别从越南、马来西亚等地采购蟒蛇皮和蟒蛇蛋，之后伪造合同，采取低报价格方式从广西凭祥海关、海口美兰机场海关申报入境，并最终在其苏州办事处销售走私的物品。2019 年 12 月，该公司被裁定犯走私珍贵动物、珍贵动物制品罪，犯走私普通货物罪，数罪并罚，判处罚金 5,640 万元；主要被告人被判处有期徒刑十三年，并处没收财产 200 万元。

2020 年 3 月，福州海关所属马尾海关从出口快件中查获 6 把蟒蛇皮质二胡。

2021 年 7 月，深圳海关所属大鹏海关在盐田港查获 20 把蟒蛇皮质二胡。

拯救未来

　　缅甸蟒离开原本熟悉的生态系统后，可能会被寄生虫找上，这对缅甸蟒来说反而是一种威胁。缅甸蟒即使被饲养，仍有主动出猎的倾向，因此有一定的危险性，发情期还会亢奋出逃。

　　一些不法宠物商会利用缅甸蟒好看的外表，不择手段地推销。如果我们实在好奇，可以上网了解一下它们的资料、习性，或者到保护区去感受它们，这都是不错的选择。但无论如何，请心存敬畏，给缅甸蟒一片自由的天地。

热带雨林红巨人
——红尾蚺

蟒蛇中的一个大家伙，能有一辆小轿车那么长，伸缩自如，
华丽的花纹，红色的长尾，南美热带雨林中最闪耀的明星。

中文名	红尾蚺
英文名	Red-tailed Boa
拉丁名	*Boa constrictor*
家族	有鳞目，蚺科，蚺属
昵称	红尾蟒，巨蚺
荣誉称号	拉丁美洲红玫瑰
现存野生种群规模	数据缺乏
保护级别	IUCN 无危（LC），CITES 附录 II

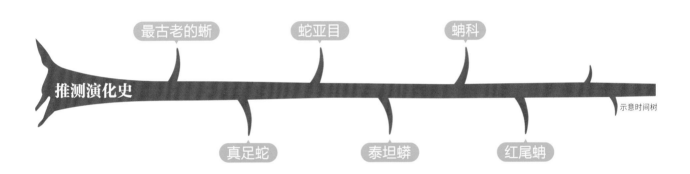

推测演化史

最古老的蜥　　蛇亚目　　蚺科

真足蛇　　泰坦蟒　　红尾蚺

示意时间树

求生本领

红尾蚺生活在中美洲和南美洲热带地区。它们喜欢待在干燥的陆地上，主要生活在中空的原木和废弃的哺乳动物洞穴中。

红尾蚺的捕猎对象很多，以鼠类为主，还包括许多中小型哺乳动物及鸟类，有的稍大型的动物也是它们的猎食对象。红尾蚺的嘴这么小，是怎么吞下大型猎物的呢？其实，所有动物之中，蛇的腭骨最有韧性，两腭连接的位置是可以脱开的。人类的嘴巴能张到30度，而红尾蚺的嘴巴最大可以张到130度，所以吞噬比自己体积大得多的猎物易如反掌。

与其他蛇从蛇蛋里破壳而出不同，红尾蚺是在妈妈的体内破壳孵化、生长到一定阶段后再出生的，这就是卵胎生。初生幼蛇的身长就可达38~51厘米。

我的形象我做主

成年雄性红尾蚺身长1.8~2.4米，成年雌性体形更大，身长2.1~3米，超过3米的也不在少数。平均体重10~15千克，最重能超过45千克。

红尾蚺肤色多以红色或棕色为基调，尾部呈砖红色。背部以褐黄色的斑纹为主，尾部的颜色较浅，且七个亚种之间的花纹差异很大。红尾蚺下颚排列着小而呈钩状的牙齿，用来抓取猎物。全身肌肉发达，特别是尾巴，相当有力，能把东西紧紧抓住。为了适应细长的身体，红尾蚺的两个肺是一个大一个小的。

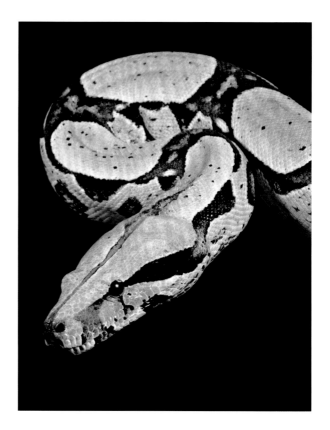

谁在威胁它们

在某些情况下，红尾蚺因其皮和肉而遭到不法分子的捕猎，但这些威胁目前是区域性的，只要别猎奇，这个因素就不会是整个物种的主要威胁。

栖息地丧失是红尾蚺目前面临的主要威胁。在包括厄瓜多尔、巴西、秘鲁、阿根廷等若干国家在内的区域，当地石油开采、采矿和缺乏规划的农业活动，导致森林砍伐愈演愈烈，亚马孙热带雨林生态环境遭到了严重破坏。除了栖息地减少，植被覆盖率减少还容易造成野火的发生。进入 21 世纪后，据不完全统计，大约有 85,000 平方千米的亚马孙森林被烧掉。尤其是近两年，亚马孙中部火灾数量激增。在这种严峻的形势下，红尾蚺的生存环境不容乐观。

独一无二的秘密

▷ 平均寿命 20~30 岁

▷ 孕期 3~4 个月，卵胎生，一次平均生 25 条

▷ 红尾蚺宝宝喜欢在林木或矮树之间攀爬，长大后转为在地面行动

▷ 大面积的花纹是红尾蚺的保护色，能在森林中更好地掩护自己

▷ 中美洲的红尾蚺性情较为暴躁，南美洲的红尾蚺性情较为温顺

▷ 若颈部盘成 8 字形，头略抬起，有浓重的呼吸音，表明此时它不太友善，可能要发起攻击

▷ 吃饱了消食儿需要 4~6 天，一顿能管一周到一个月

▷ 优秀的游泳健将

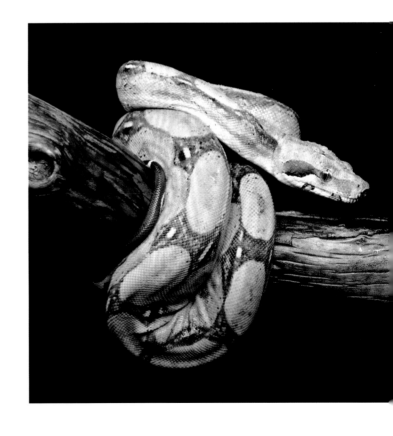

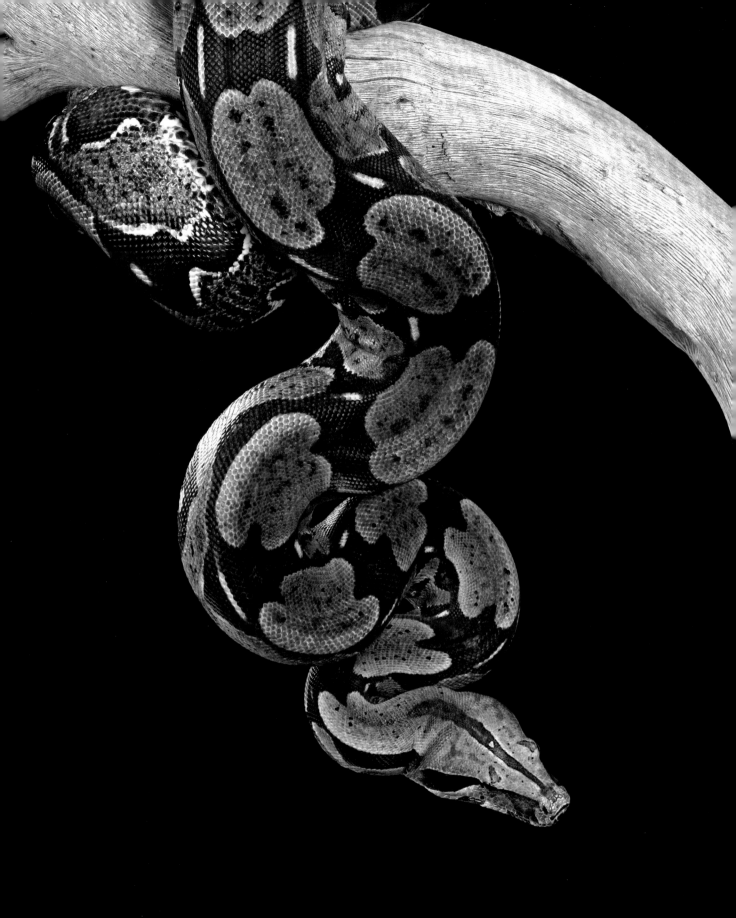

谁在保护它们

中国现已出台一系列法律法规保护野生动物。在中国，红尾蚺的保护管理等同于国家二级保护野生动物。饲养红尾蚺必须出具合法的证明，即野生动物人工繁育许可证。目前，市面上出现的红尾蚺多为人工饲养的个体，任何个人不能在无证的情况下饲养红尾蚺。

国门救援

2017 年 3 月，一名年轻男子受朋友所托携带 5 条自宠物店订购的红尾蚺入境，被拱北海关缉获。

2020 年 8 月，天津一名男子，在明知红尾蚺是国家二级保护野生动物的情况下，通过网络以 5,800 元的价格购买了一条红尾蚺在家中圈养。经查，该男子的行为构成危害珍贵、濒危野生动物罪，依法被判处有期徒刑 6 个月，缓刑 1 年，并处罚金人民币 6,000 元。

拯救未来

原产自亚马孙热带雨林的红尾蚺，本来与人们相隔千山万水。然而，它们被迫"走出雨林""漂洋过海"。红尾蚺在幼时被走私，从小处于人工环境中，已无法在野外环境中生存。这不仅是一种不负责任的表现，更是触犯了法律的红线。面对一条巨蟒，又有几人能保证给它提供足够的生存空间，始终如一照顾它一生？我们应该做的，是多了解关于它的知识，从生命的角度尊重它，让它留在亚马孙热带雨林，像一朵红玫瑰一样绽放！

"鳗鲡"之歌
——欧洲鳗鲡

鳗鲡家族老大哥，踏上"鳗鳗"洄游长路，谱写传唱"鳗鲡"之歌。

中文名	欧洲鳗鲡
英文名	European Eel
拉丁名	*Anguilla anguilla*
家族	鳗鲡目，鳗鲡科，鳗鲡属
昵称	欧洲鳗，白鳝
荣誉称号	欧洲水中软黄金
现存野生种群规模	数据缺乏
保护级别	IUCN 极危（CR），CITES 附录 II

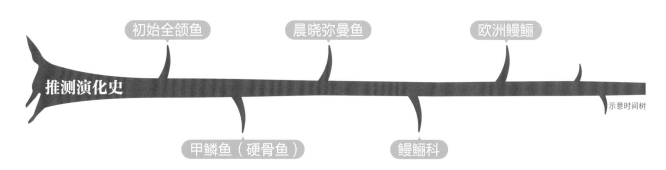

推测演化史

初始全颌鱼　晨晓弥曼鱼　欧洲鳗鲡

甲鳞鱼（硬骨鱼）　鳗鲡科

示意时间树

我的形象我做主

欧洲鳗鲡是鳗鲡家族第一个被命名的物种，成年体长45~65厘米，最长可达133厘米，重约6.6千克。体圆而细长，虽然体表光溜溜的布满黏液，但皮肤之下隐藏着细小的鳞片。幼鱼背部呈橄榄色或灰褐色，腹部呈银色或银黄色；成鱼背部呈黑灰绿色，腹部呈银色。背鳍与臀鳍、尾鳍融合在一起，形成的融合鳍最少有500根鱼鳍条。

求生本领

欧洲鳗鲡成年时，一般居住在欧洲与大西洋和地中海相连通的河流中。它们只喜欢吃肉，主要以虾、蟹、贝类以及环节动物为食，有时也会吃一些小鱼改善伙食。

每年秋天，性成熟的鳗鲡便会踏上洄游长路进行繁殖。成年的鳗鲡会主动萎缩自己的消化系统，将大量的能量用于生殖腺的发育，剩余的能量用于踏上长达5,000多千米的洄游长路，同时眼睛会长得更大，以便在洄游时看清道路，还能感受磁场用于导航。

出生后的小鳗鲡会随着墨西哥湾洋流游动，再次回到欧洲大陆。十多年后，当它们完全成熟之时，又将踏上洄游之路，开始下一次的世代轮回。

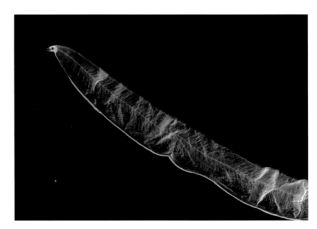

独一无二的秘密

▷ 平均寿命 15~20 岁，最高纪录达 88 岁

▷ 欧洲鳗鲡的洄游为单程，产卵后便会死去

▷ 孵化后，出生的小鳗鲡会成长为透明的柳叶状，被称为柳叶鳗

▷ 柳叶鳗身体主要由黏多糖构成，消化系统十分简单

谁在威胁它们

欧洲鳗鲡自古以来就是欧洲人餐桌上的美味佳肴，加上过去人们对于可持续渔业并没有清楚的认识，导致欧洲鳗鲡被过度捕捞。更有甚者，一些欧洲所谓的美食家垂涎于欧洲鳗鲡的幼体——玻璃鳗。而要制成一份菜肴，需要消耗成百上千尾玻璃鳗，这对于本就岌岌可危的欧洲鳗鲡野外种群而言，无疑是雪上加霜。

由于欧洲鳗鲡具有生殖洄游的特性，要做到人工繁育十分困难。据 IUCN 和联合国粮食及农业组织（FAO）统计，欧洲鳗鲡的野生种群数量已经下降了50%~80%，离灭绝仅一步之遥。

谁在保护它们

欧洲鳗鲡的种群散布在欧洲各国。自 2010 年起，欧盟已严禁出口欧洲鳗鲡。除此之外，许多国家也做出了很多努力——重新修复河底，改变河岸结构，留下大量的水草和石缝，供欧洲鳗鲡穿梭觅食。为了能让欧洲鳗鲡完成洄游，当地政府在大坝旁修建了"鱼道"和"鱼梯"，尽可能让它们能翻越大坝。

为了进一步了解和监测欧洲鳗鲡的洄游情况，科学家们为准备洄游的鳗鲡安装上 GPS 定位装置，观察气候变化及疾病对成年鳗鲡洄游的影响。

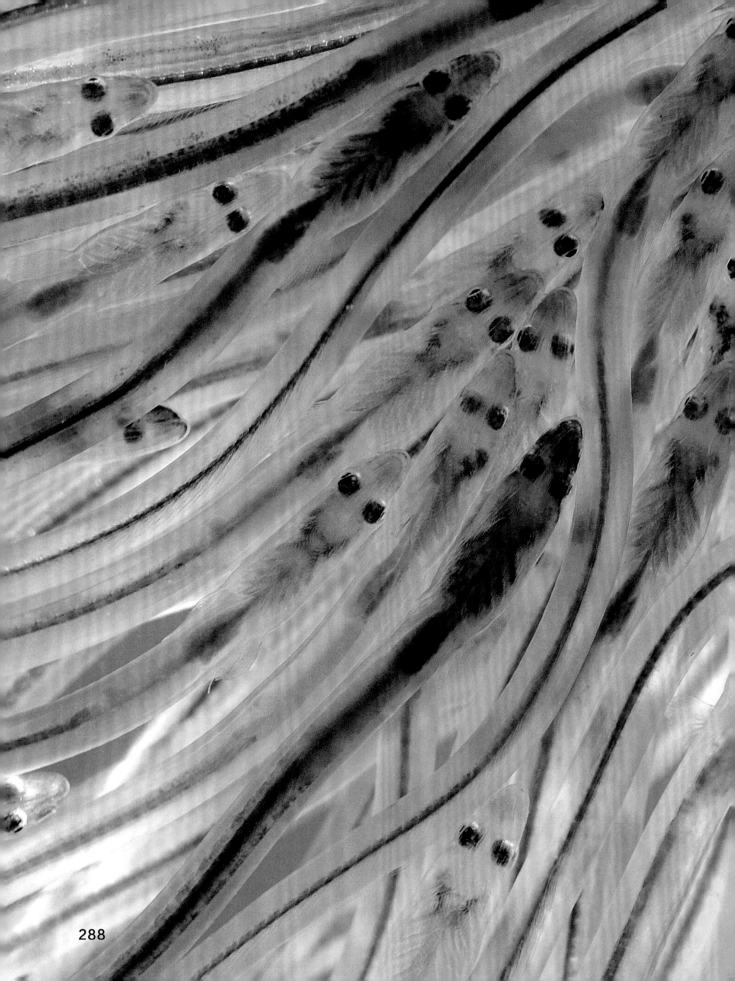

拯救未来

    由于鳗鲡洄游的特性，人类无法大规模培育鳗苗。获取鳗苗只得完全依靠野外捕捞，导致鳗苗无法回到自己祖辈们的家园，无法继续世代繁衍。

    现在，能捕获的鳗苗也越来越少，鳗鲡种群已经走到了灭绝的边缘。在欧洲鳗鲡中传颂的"鳗鲡"之歌，也即将成为绝响。我们现在能做的，就是减少鳗鲡消费，帮助恢复它们的家园，复兴它们的家族，让它们的"鳗鲡"之歌继续传唱下去。

国门救援

    除了欧洲本土，亚洲也是鳗鲡的主要消费区域。

    2011—2012 年，西班牙有 5 人试图将价值 58 万欧元、总重 724 千克的活鳗鲡从西班牙转移到亚洲。2019 年，克罗地亚警方在萨格勒布机场抓获了 2 名试图走私欧洲鳗鲡鱼苗的韩国公民，他们携带的鳗苗数量达 25.2 万尾。

    2017 年 4 月，上海浦东国际机场海关在旅检渠道连续查获 3 起旅客携带欧洲鳗鲡鱼苗未报进境案件，共查获 68 袋鳗鲡活体。同年同月，2 名旅客携带装有 192,225 尾欧洲鳗鲡鱼苗的行李箱，乘坐国际航班从葡萄牙出发，抵达杭州萧山国际机场，选择无申报通道入境，被杭州萧山国际机场海关当场查获。

鲨鲨只想晒太阳
——姥鲨

虽然嘴巴大、长得凶，但谁也不欺负，只会安静巡游，等待食物"送上门"，喜欢"打瞌睡"，偶尔会晒晒肚皮。

中文名	姥鲨
英文名	Basking Shark
拉丁名	*Cetorhinus maximus*
家族	鼠鲨目，姥鲨科，姥鲨属
昵称	姥鲛，象鲛，太阳鲨
荣誉称号	世界鲨鱼体形 No.2
现存野生种群规模	2017 年估测数据（非调查数据）为 20,000 头，种群数量下降严重
保护级别	IUCN 濒危（EN），CITES 附录 II，国家二级保护野生动物

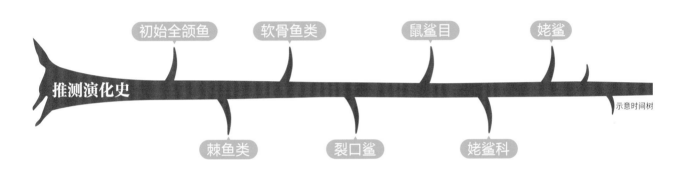

推测演化史

初始全颌鱼　软骨鱼类　鼠鲨目　姥鲨

棘鱼类　裂口鲨　姥鲨科

示意时间树

我的形象我做主

姥鲨的英文名为 Basking，意为"晒太阳""取暖""舒适"，便是得于它们喜欢在海面游泳和休息的习性，中文名中的"姥"字也取得恰到好处，意为它们像老妪一样安静闲适。姥鲨又名"象鲛"，则是取其身材巨硕如象之意。作为世界上第二大的鲨鱼，成年姥鲨的体长可达 12 米，体重可至 6,000 千克。它们常常张着 1 米宽的大嘴，在海面上一边惬意地晒着太阳，一边优哉地享受食物。虽然画面有点可怕，但其实它们只吃浮游生物、小鱼小虾。时光静好，与世无争。

求生本领

姥鲨喜欢旅游，在西北太平洋，澳大利亚南部海域，东太平洋的北美洲和南美洲沿岸海域，大西洋西北部、北部及东北部海域，以及寒冷的冰岛、挪威海域，都有它们的足迹，可称得上资深的旅行家。当然，在中国的黄海、东海和台湾东北部海域，也有它们的身影。

姥鲨虽然嘴巴长得很大，但实际上只以浮游生物、小鱼小虾为食，因此嘴里那几颗钩状的小牙齿几乎不怎么出力。吃饭的时候，它们一般张大嘴巴让海水和食物一起进入，然后用细长的角质鳃耙进行层层的筛选过滤，留下那些细小的鱼虾，再吐出海水。身材庞大，饭量自然也是不一般。它们的鳃耙又细又长，并且密密麻麻，使得那些进到嘴巴里的小鱼小虾无法溜掉，这样就可以愉快地吃饭啦。

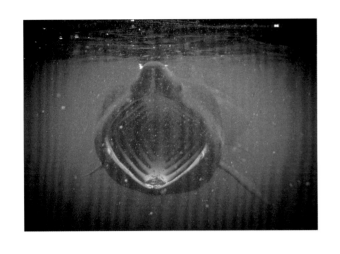

谁在威胁它们

20 世纪 50 年代之前，人们为了获取鱼肉和鱼油，对姥鲨大肆进行捕杀。加拿大的渔民在 20 世纪 70 年代结束了将姥鲨作为猎捕对象的历史。几个世纪以来，针对姥鲨的渔捞活动使它们种群数量损失惨重，至今仍未恢复。据估计，1950—1993 年，姥鲨的全球种群数量下降了 80%。

独一无二的秘密

▷ 最长寿命可达 50 岁

▷ 孕期为 12~36 个月

▷ 嘴巴大到好像可以吞下一头牛，其实是"樱桃小嘴"，只吃得下体积很小的食物

▷ 尴尬的是，体味比较大，皮肤上覆盖着一层臭臭的黏液，具有很强的腐蚀性，用来对抗寄生动物

▷ 会在海的表面静静卧着，也会翻身"躺平"晒太阳

▷ 性格十分温和，是很"慈祥"的鲨鱼

▷ 有不少海怪传说与姥鲨相关，这是它们曾经留给世界的神秘感

谁在保护它们

2018 年，IUCN 将姥鲨列为濒危（EN）物种，在东北大西洋和北太平洋等局部地区，该物种种群被认为是濒危物种和极度濒危物种。姥鲨同时被列入 CITES 附录 II，在中国被列为国家二级保护野生动物。

在欧洲水域，姥鲨是最受严格保护的鲨鱼之一。为保护姥鲨免受捕捞威胁，2020 年，苏格兰将西海岸的赫布里底群岛海域划为海洋保护区。在英国、马耳他、美国沿海多州，甚至整个大西洋海域，姥鲨都受到了大力保护。在南半球的新西兰，生态旅游成为姥鲨和当地居民共同的出路，乘坐船只观鲨、潜水观鲨成了当地新晋的热门旅游项目。

国门救援

作为 CITES 附录 II 物种，姥鲨及其制品的商业性国际贸易需要经过进口国、出口国、再出口国的多方许可。中国海关等部门积极开展联合查缉行动，通过走访市场、上网查询相关商品价格信息、开展价格核查，严查企业对国外进口的鱼翅原料进行价格"洗单"，严禁将部分鱼翅等海产品非法走私入境。

拯救未来

体形庞大的姥鲨，在自然环境中几乎没有天敌，可以说是站在了食物链的顶端，但它的食物几乎全部来自食物链的底端。

姥鲨种群数量的维持关乎海域内生态系统的健康，与海洋和人类都息息相关。保护濒危动物并不只是动物保护组织和科学家们的事，我们每一个人的一念之差，都可能关乎一条鲜活的生命。姥鲨淳朴憨厚，佛系养生，与世无争，它们只是想安静地晒晒太阳，这样朴素的愿望，就由我们来帮它们实现吧！

水中"活化石"
——史氏鲟

鲟鱼家族的小可爱，淡水鱼中的庞然大物，妥妥的"吃货"一枚。

中文名	史氏鲟
英文名	Amur Sturgeon
拉丁名	*Acipenser schrenckii*
家族	鲟形目，鲟科，鲟属
昵称	黑龙江鲟，七粒浮鱼
荣誉称号	水中"活化石"
现存野生种群规模	数据缺乏
保护级别	IUCN 极危（CR），CITES 附录 II，国家二级保护野生动物

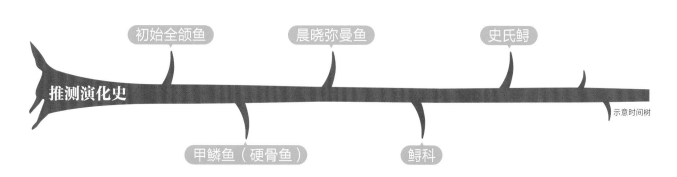

我的形象我做主

成年史氏鲟体长 96~125 厘米，体重超过 190 千克。比起鲟鱼家族那些随随便便就能长到 4~5 米的大家伙（白鲟、达氏鳇、欧鳇和中华鲟等），它确确实实是小可爱，但是一样长寿。小眼睛，大鼻孔，尖尖的吻部，有的呈锐角三角形，有的像矛头。嘴上长着 4 根胡须和一些小凸起，用来感受水底的地形并寻找好吃的。身上虽然没有鳞片，但是长有 5 行菱形骨板。

求生本领

史氏鲟栖息地主要在黑龙江中下游，喜欢在砂砾底质的江底玩耍，经常贴着江底四处逛，不喜欢太过亮堂的环境，也不喜欢特别昏暗的地方，不爱和其他鱼类凑热闹。

主要以水生昆虫、软体动物、底栖甲壳动物为食，有时还吃小鱼。幼鱼以浮游动物、底栖动物及水生昆虫幼体为食。

史氏鲟需要洄游产卵。家族分为两大群体，一个群体在春季 5~6 月洄游产卵，另一个群体在秋季 8~9 月洄游前往产卵地，度过漫漫寒冬后，待到山花烂漫时再繁衍后代。

独一无二的秘密

▷ 寿命最长可达 65 岁

▷ 能产下 51 万 ~280 万粒卵，每 4 年生育一次

▷ 耐寒能力较强，即使江面结冰也能自在活动，还
不忘干饭

▷ 干饭速度比较慢，主要依靠触觉、嗅觉捕食，眼
神不好

▷ 属于能吃易胖的类型

谁在威胁它们

在过去，由于工业及农业的不断发展，大量没有
经过净化处理的污水被排入史氏鲟的家园，鲟鱼们不
得不"离家出走"，另寻立足之地。

史氏鲟相对其他大型的鲟鱼，只是小个子，那些
弱不禁风的幼体没有足够大的力气挣脱渔民布下的天
罗地网，被人们无情端上了餐桌。

由于能源和水资源需求的增加，人类在许多河流
上建造了水坝和水力发电站，把鲟鱼生活的大江大河
分割成了一段又一段，甚至连产卵洄游路线也被阻断。
这导致史氏鲟的数量越来越少，生活也越来越艰难。

谁在保护它们

IUCN 已将史氏鲟列为极危物种（CR），CITES
将其列入附录 II，中国将其野外种群列为国家二级保
护野生动物。

当前，史氏鲟的人工养殖技术已经十分成熟。人
们基本不再需要捕捉野生的史氏鲟及其他鲟鱼来满足
需要。但是为了防止有些人对于"野味"的追求，还
是需要严格的监管来防止非法捕捞。

中国对史氏鲟家园的保护和恢复工作已在有条不
紊地进行当中。例如，将人工繁育的史氏鲟进行了增
殖放流，让小鲟鱼们能够回到自己祖辈们生活的家园
中，进一步恢复了野生种群的数量。同时，在水利设
施附近建造了"鱼梯"，逐步帮助鲟鱼"铺平"洄游
繁衍之路。

国门救援

鲟鱼子酱在欧洲是非常名贵的食物，被称为"黑色黄金"。在巨大的利益面前，为了逃避高额关税及进出口限额，许多不法之徒铤而走险，将中国生产的鲟鱼子酱走私到欧洲。

2021 年 2 月，黄埔海关所属老港海关现场查扣 2,784 盒化妆品，产品说明标识明显含有濒危野生动物"鲟鱼"成分。

2021 年 3 月，上海海关所属外高桥保税区海关现场查扣一批含鲟鱼成分的精华面膜，共计 4,290 件。

拯救未来

还记得曾经在长江游弋、被称为水中"大熊猫"的白鲟吗？它们在地球上生活了约 1.5 亿年，却永远止步于 21 世纪。

这些来自 2 亿多年前的水中"活化石"，不应只出现在教科书、影像资料中。"野味"早已不是文明的潮流。让我们一起拒绝野生鲟鱼产品，绝不能让现存的野生鲟鱼，像白鲟一样成为历史上的匆匆过客。

"超级奶爸"
——海马

像马又不是马，只是一种长相不寻常的鱼。

中文名	海马
英文名	Seahorse
拉丁名	*Hippocampus* spp.
家族	海龙目，海龙科，海马属
昵称	水马，虾姑，龙落子，马头鱼
荣誉称号	"育儿"专家，超级奶爸
现存野生种群规模	海马整体数量庞大，但一些种类已经处于濒危状态
保护级别	IUCN 濒危（EN）——1 种，易危（VU）——10 种，无危（LC）——1 种，数据缺乏（DD）——26 种 CITES 附录 II，国家二级保护野生动物

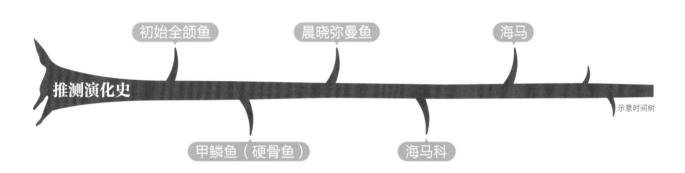

推测演化史

初始全颌鱼　　晨晓弥曼鱼　　海马

甲鳞鱼（硬骨鱼）　　海马科

示意时间树

求生本领

爱吃"小"动物。自然条件下，海马常常摄食一些小型甲壳类动物，摄入食物大小由吻径来控制，每天摄食量为自身体重的 5%~10%，名副其实的"樱桃小嘴"。为了吃到海洋中随波逐流的"美味"，海马进食时会控制不引动口鼻附近的水纹，学会"安静"地吃饭。

海马在全球海域均有分布，但主要分布于北纬 30 度与南纬 30 度之间的热带和亚热带沿岸浅水海域。海马常栖息在食物充足的河流入海口和靠近岸边的海底。它们一般都在白天活动，晚上就在心仪的海藻上慢慢睡去。

我的形象我做主

海马族系庞大（大约 50 余种）。成年海马身长 15~30 厘米，头部弯曲像马，吻部呈长管状，身体由 10~12 个骨环组成，细长的尾部能像手一样简单地抓握。特殊的体态，决定了海马头部向上在水中斜直立游泳的姿态。

雄海马拥有腹囊（育儿袋），雌海马把卵子放到育儿袋中，雄海马负责给这些卵子受精。经过大约 2 个月，海马宝宝在海马爸爸的腹囊中出生，因此海马爸爸是动物世界中唯一的"男妈妈"。

独一无二的秘密

▷ 在一个或几个繁殖季节内，海马都与自己的伴侣"长相厮守"

▷ 性格慵懒，除了觅食，就喜欢挂在枝丫上

▷ 总会让人误解不是鱼，其实它们还有一个"马头鱼"的称号

▷ 直立游泳的姿态在海洋中可不常见，就是这么"特立独行"

▷ "超级奶爸"的典范，小海马们在育儿袋里孵育两个月，出来就可以独自生活

谁在威胁它们

随着经济发展，许多国家的沿海地区不少城市开始填海造陆，破坏了海马赖以生存的环境；近岸海水养殖的兴起，也在一定程度上影响了海马的生存状况。另外，海马的生存环境对水质要求较高，近海海域的海水污染，加快了海马种群的消亡。

在欧美一些国家，海马主要用于观赏；而在东亚一些国家，还有用海马入药的情况。由于庞大的利润及市场，一些国家出现大量捕捞近岸海马的情况，以至于海马数量不断减少。

谁在保护它们

中国把所有海马都纳入国家二级保护野生动物管理范畴。除了在政策上对海马种群进行保护，还开展了海马人工育苗及养殖，有效保护海马野生种质资源、解决市场需求。然而，目前的养殖种群过于稀少，养殖水平还不能做到保护海马属类的多样性。所以，保护海马仍需全球共同努力，采取切实有效的措施，如出台各种禁渔、限渔政策，来保护海马种群的多样性和繁衍生息。

拯救未来

数量庞大、族类繁多的海马种群以多种底栖动物为食，又是海龟和一些鱼类的捕食对象，是海洋生态系统中的重要一环。

海马从出生起，就面临着独自生活的考验。它们对爱忠贞不渝，有些海马甚至与配偶终生相伴，不离不弃，一旦其中一只被捕走，另一只可能会终生不育。我们应该保护海马家族赖以生存的家园，让它们伴着海流，静静地繁衍生息。

国门救援

2019 年 4 月，青岛海关现场查获走私进口海马干 1.28 吨，共计 495,361 尾。

2019 年 7 月，昆明海关在昆明市某综合批发市场的一家药材商铺内现场查扣涉案海马干 102,085 尾，共计 148.86 千克。

2020 年 3 月，拱北、厦门、深圳和广州海关联合行动，打掉珠澳水客团伙 1 个，涉案海马干 449.5 千克。

2020 年 5 月，兰州海关缉私局联合地方公安机关，在兰州市某药材市场查获一批涉嫌走私、非法销售的濒危物种制品海马干，全案共抓获犯罪嫌疑人 3 名，查获涉嫌走私海马干 4,300 余尾，共计 10.7 千克，涉案案值逾 60 万元。

"首"望相助
——加利福尼亚湾石首鱼

只喜欢集体宅在墨西哥加利福尼亚湾，都是鱼鳔惹的祸，
被误以为金屋藏"胶"。

中文名	加利福尼亚湾石首鱼
英文名	Totoaba
拉丁名	*Totoaba macdonaldi*
家族	鲈形目，石首鱼科，石首鱼属
昵称	犬型黄花鱼，麦氏托头鱼
荣誉称号	最佳男高音
现存野生种群规模	数据缺乏，自 1975 年商业捕捞禁止以来，无系统调查数据
保护级别	IUCN 易危（VU），CITES 附录 I

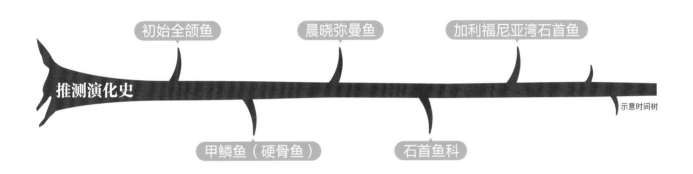

推测演化史

初始全颌鱼　晨晓弥曼鱼　加利福尼亚湾石首鱼

甲鳞鱼（硬骨鱼）　石首鱼科

示意时间树

我的形象我做主

加湾石首鱼身长最长可达 2 米，体重最重可达 100 千克。体侧扁，银色，鳞片细小。截形尾，只有一个狭长的背鳍。鱼胶及附属肌肉发达，特长是爱飙高音。

求生本领

石首鱼无肉不欢，最喜欢辐鳍鱼及甲壳类。它们提倡集体生活，现居住地夏无酷热、冬无严寒，食物丰富，还有老邻居、好朋友小头鼠海豚相伴。

家族"老寿星"寿命可达 15 岁，家庭成员一般 6~7 岁开始相亲。相亲时，雄性通过集体"高歌"来吸引雌性的注意，"歌声"地动山摇、震耳欲聋，为鱼类叫声之最。情侣在每年的 2~6 月到科罗拉多河三角洲举行集体婚礼和度蜜月。那里，洛基山脉冰川融雪沿科罗拉多河顺流而下，携带着大量养分汇入加利福尼亚湾，河口水域成为石首鱼家族巨大的"育婴场"。

独一无二的秘密

▷ 石首鱼家族中体形最大

▷ 一年生一次宝宝，种群增长速度极慢

▷ 不带娃不"鸡娃"，成年鱼和小朋友分居两地，成年鱼住在加利福尼亚湾，小朋友住在科罗拉多河三角洲

▷ 爱的召唤可达 177 分贝，比站在摇滚音乐会舞台旁边时感受到的声响还要大

▷ 与好朋友小头鼠海豚几乎形成双重灭绝

谁在威胁它们

加利福尼亚湾是石首鱼唯一的家，科罗拉多河三角洲是它们唯一的"育婴场"。但是，随着人类对自然资源的过度利用，"育婴场"盐碱化和工业污染程度加剧，不仅石首鱼的幼仔难以适应水中过高的盐分含量，其他水生动植物也难以存活，石首鱼的幼仔也因此失去了原有的食物。此外，科罗拉多河沿岸工农业企业排出的废水、有毒物质，对它们也造成了极大的影响。

同时，人类对鱼肉和鱼胶的需求，使得石首鱼遭受到了极大的非法捕捞压力，将其家族一度推向极度濒危的境地。

谁在保护它们

加湾石首鱼在 1996 年就被 IUCN 列为极危（CR）物种。经过人类 20 余年的努力，加湾石首鱼终于在 2020 年被调整为易危（VU）物种。而在 CITES 中，加湾石首鱼仍然属于附录 I 物种，禁止一切商业性国际贸易。商业性加工野生加湾石首鱼鱼胶已被全面禁止，市场上出现的任何买卖石首鱼鱼胶的行为均系违法。

在一致的保护目标下，2016 年 12 月，国家濒危物种进出口管理办公室、农业部渔业渔政管理局和国家工商总局市场司联合在广州举办"加湾石首鱼履约执法培训研讨会"，来自美国、墨西哥等国的相关执法部门代表就加强执法监管、进出境查验，强化信息分享，推动执法合作等议题达成了广泛共识。

国门救援

2020 年 6 月，中国香港海关在香港国际机场查获从美国抵港的源自墨西哥的约 160 千克鲜石首鱼鱼胶，市值约为 2,500 万港币。

2020 年 8 月，江门海关缉私局在地方公安机关配合下，开展"SY730"打击石首鱼鱼胶走私收网行动，在广东江门、深圳、茂名等地开展查缉抓捕行动，抓获犯罪嫌疑人 6 名，打掉 2 个走私犯罪团伙，现场查扣涉嫌走私的石首鱼鱼胶 288 条，全案查证走私石首鱼鱼胶 3,602 条，案值约 3 亿元人民币。

2020 年 10 月，中国香港海关再次在香港国际机场查获从墨西哥抵港的约 114 千克石首鱼鱼胶，估计市值在 1,800 万港币。

2022 年年初，深圳海关所属深圳湾海关在货运进口渠道查出藏匿于空载货车内重 2.9 千克的石首鱼鱼胶。

拯救未来

　　海洋是生命的摇篮，万物啸聚于这片无垠的蔚蓝，人类卒业于这片无际的苍茫，善待海洋就是珍重自己。

　　昔日物资匮乏，迫于生计，偶尔抓虾捕鱼，尚情有可原。今天社会进步，碳水化合物和蛋白质来源广泛，仍有人不计物种之濒危，希望吃奇吃异，实在愚不可及。

　　可曾想过，购买一片加湾石首鱼鱼胶，便是触碰了法律的红线。餐桌上一次轻慢的选择，抹去的是一条鲜活的生命。让我们拒做饕餮之徒，保护海洋，共谱"鱼"我同在的美好画卷。

贝国王者荣耀
——大砗磲

砗磲家族中个体最大、寿命最长，但很低调，色彩没有那么绚烂，被人尊为"贝王"。

中文名	大砗磲
英文名	Giant Clam
拉丁名	*Tridacna gigas*
家族	帘蛤目，砗磲科，砗磲属
昵称	库氏砗磲，海蚌，贝王
荣誉称号	双壳贝类之王
现存野生种群规模	数据缺乏
保护级别	IUCN 易危（VU），CITES 附录 II，国家一级保护野生动物

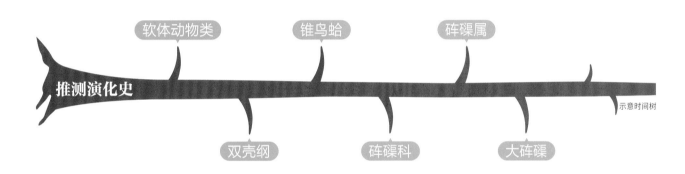

推测演化史

软体动物类　锥鸟蛤　砗磲属

双壳纲　砗磲科　大砗磲

示意时间树

我的形象我做主

大砗磲外形呈三角形，壳面一般有 5 条很深的沟，像车轮碾出的辙印，又像起伏的波浪。最大的大砗磲壳长可达 1.8 米，重约 500 千克，就是加大版的大贝壳。

大砗磲在砗磲家族中个头最大，两侧长度不完全相等，肋间沟（贝壳波浪的凹陷部分）比较光滑，壳面呈白色或灰白色。

求生本领

大砗磲主要生活在太平洋和印度洋的热带珊瑚礁浅海区，是大型滤食性贝类。大砗磲平时在海里都是张着口，五彩斑斓的"大嘴唇"其实是它的外套膜，相当于包裹贝肉的外衣，露出的外套膜就像外衣的裙摆，上面有色素和特殊结构的蛋白，在阳光下不同角度会显现出不同的颜色，起到保护色的作用。

随着大砗磲外套膜上的纤毛的摆动，海水带着浮游生物进入体内，用鳃过滤一下就吃到肚子里了。大砗磲开口处的外套膜还是虫黄藻的"宿舍"。虫黄藻利用阳光把海水里的无机物合成有机物，供给大砗磲食用，通过这种独特的互利共生，大砗磲依靠阳光就能够自给自足。

独一无二的秘密

▷ 平均寿命可达 100 岁以上

▷ 雌雄同体，先形成雄性

▷ 繁殖时会释放上亿粒的卵子和精子

▷ 向往阳光，只生活在水深 20 米以内的浅海

▷ 外套膜上有眼点，可以像眼睛一样感受到光线变化

谁在威胁它们

威胁大砗磲数量的主要因素包括全球变暖、环境污染、栖息地丧失以及偷捕盗采。

海洋环境污染不仅直接破坏了大砗磲生存所需的海水、阳光与藻类，还会造成珊瑚大量死亡，使得大砗磲丧失栖息地。

大砗磲的壳是它的荣耀，也是它的危机。20世纪70年代，在南海诸岛还有不少大砗磲，但到了80—90年代，随着潜水设备和机动船的普及，不少大砗磲被盗采。

一些人以能戴上大砗磲外壳做的手串、摆个大砗磲贝壳做的工艺品为荣，王者的光辉与高贵变成了炫耀的资本。

谁在保护它们

大砗磲已被列入CITES附录II。在中国，大砗磲被列为国家一级保护野生动物。

为了保护砗磲资源，科学家们开展了砗磲人工育苗及养殖技术研究，先后开展了番红砗磲、鳞砗磲等人工繁育技术，但是大砗磲的人工繁育还不太成功。

目前，已有22个国家开展了砗磲的人工增殖放流等资源恢复相关工作。中国的人工繁育和增殖工作已在持续推进，相信在不远的将来，大砗磲的种群数量可以在全社会的共同努力下逐步得到恢复。

拯救未来

大砗磲用巨大的身躯支撑起了美丽的珊瑚礁。上百年来它一直维系着海底世界的平衡。王者无声，负重前行。当我们议论责任和过失时，请不要忘记我们的初衷是守护每一个神奇的生命。

遇到有人戴着砗磲项链时，看到有人售卖砗磲装饰时，请告诉他们贝国国王的生平故事。贝国的王者背起了珊瑚、海藻、小鱼，以及我们的大海，它的荣耀理应由我们一同守护。

国门救援

2020 年 5 月，成都海关所属成都双流机场海关在一周之内查获 3 起旅客未申报携带砗磲入境案件，共截获砗磲 1.47 千克。

2020 年 7 月，南宁海关缉私局现场查获砗磲 31.78 吨（2,485 片），案值约 500 万元，抓获犯罪嫌疑人 3 名，查扣涉案大货车 3 辆。

超古冠今

——唐冠螺

海螺家族里个头最大，冠帽周围还有一圈角状的突起，就像《西游记》里唐僧戴的帽子。

中文名　　　　　唐冠螺

英文名　　　　　Horned Helmet

拉丁名　　　　　*Cassis cornuta*

家族　　　　　　中腹足目，唐冠螺科，唐冠螺属

昵称　　　　　　冠螺，皇冠螺

荣誉称号　　　　四大名螺之首，海螺之冠

现存野生种群规模　数据缺乏

保护级别　　　　国家二级保护野生动物

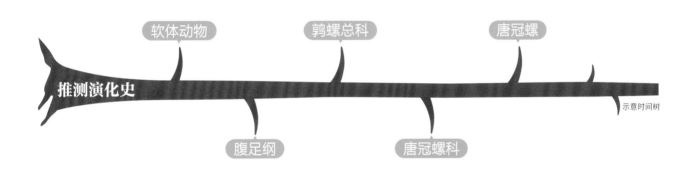

推测演化史

软体动物　　鹑螺总科　　唐冠螺

腹足纲　　　唐冠螺科

示意时间树

我的形象我做主

唐冠螺的贝壳大而厚重，壳长 15~30 厘米，最长可达 41 厘米，高可达 30 厘米。雌螺完全不是小家碧玉型的，长得比雄螺大。

唐冠螺整体呈卵圆形，颜色为灰白色到金黄色，上面有不规则的橘色花纹，具金属光泽。不像其他海螺，唐冠螺没有长长的"钻头"，螺身最胖的一圈长出 5~7 个角状突起，螺口也不像其他同类内卷，而是外翻，呈帽檐状。

求生本领

唐冠螺现居住在太平洋热带海域，一般是碎珊瑚底质的浅海，低于潮线水深 1~30 米都可以。

唐冠螺是绝对的肉食主义者，最爱捕食海胆。它们先往海胆身上爬，用身体后侧压住海胆，也不怕被扎疼，然后伸进海胆的肛门或口部吸食，很懂得细嚼慢咽，3~6 小时才吃完一只。

唐冠螺白天不出门，常趴在沙子里睡大觉，只露出一个帽尖，一睡就是一天，一般到太阳落山后的晚上，才出来吃东西。

独一无二的秘密

▷ 喜欢昼伏夜出

▷ 繁殖时会排出一个个卵囊，每个卵囊里有1,000~1,500个卵

▷ 腹足部肌肉极其发达，能够支撑厚重的外壳爬行

▷ 活动比较慢，简直就是海里的蜗牛

谁在威胁它们

威胁唐冠螺生存的主要因素包括：海洋环境恶化，适宜生境减少，大量乱采滥捕。

海洋环境恶化是唐冠螺数量减少的主要原因。海水环境之于海洋生物，如同空气和水之于人类一样重要。海水环境被污染，就算唐冠螺有着"超古冠今"的能耐，也无法幸免于难。

唐冠螺长得又大又好看，很容易被坏人惦记上。大量的乱采滥捕导致唐冠螺肉被吃，壳被拿来做摆件，直接损害了唐冠螺的生存安全。虽被称为海螺之首，但唐冠螺的生长

速度太慢，当还是小小的个体时，可能就会被其他生物吃掉。因此，一个大大的唐冠螺能够长大，可是经历了千难万险。

谁在保护它们

唐冠螺是中国国家二级保护野生动物。目前IUCN 还没有评估唐冠螺的濒危状况，也还没有将其列入 CITES 附录。不过印度、印度尼西亚等国家已经开始重视唐冠螺的保护，通过立法明确了唐冠螺作为保护物种的地位。

中国科学家也已经开始着手唐冠螺人工繁育方面的研究，构建了唐冠螺幼体高效培育方法，为将来大规模育苗奠定了基础。但是从实验到应用，还有很长的一段路要走。目前，大部分小螺还没有养大就"夭折"了，因此更需要好好保护现有的野外资源。

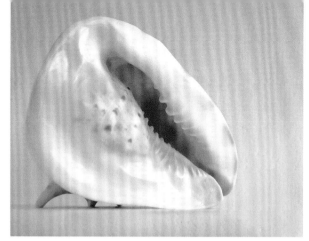

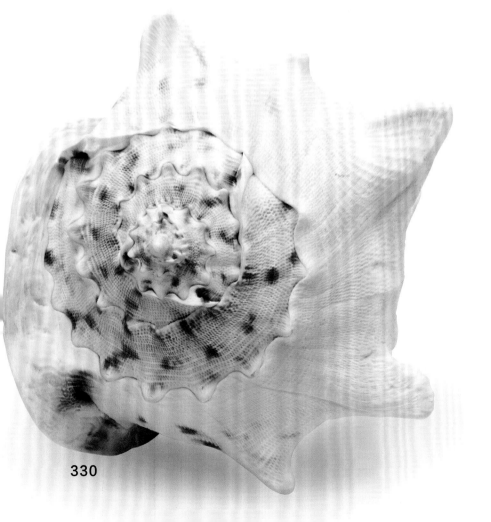

国门救援

2021 年 3 月，湛江海关所属霞山海关关员对 7 名进境船员开展随身行李物品查验时，发现其中 3 名船员携带有 4 件大型贝壳类物件。经鉴定，该 4 件大型贝壳类物件为唐冠螺。

2021 年 5 月，济南海关所属济南邮局海关在进境邮件中查获疑似唐冠螺 1 个，重 2.8 千克。

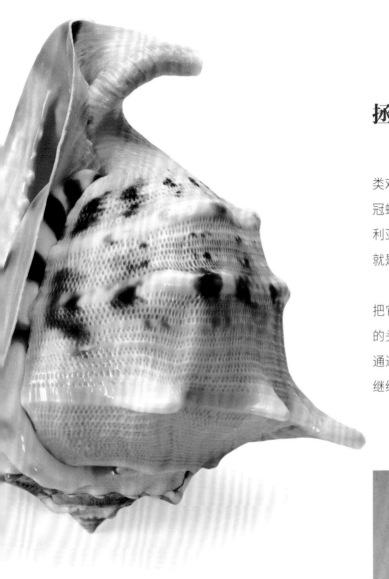

拯救未来

唐冠螺相当于海底森林的守护者。遗憾的是，人类对于唐冠螺的重视程度还达不到"超古冠今"。唐冠螺不仅长得好看，也是海底的"实干家"。在澳大利亚、美国，海胆泛滥，海藻场被啃食，海底变成荒漠，就是因为捕食海胆的唐冠螺被捕捞，数量不断减少。

当你在商店或网上看到唐冠螺的时候，请不要再把它当成一件摆件，因为这是一位"海底卫士"留下的头盔，是一位"海洋战士"剥下的铠甲。我们可以通过一次次呼吁宣传、一次次拒绝购买，帮助唐冠螺继续在海中"超古冠今"地生活。

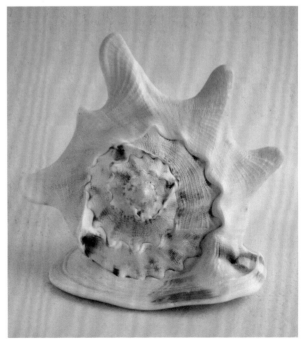

海底瑰宝
——红珊瑚

不是植物，其实是一种有 8 个羽毛状触手的白色小虫。

中文名	红珊瑚
英文名	Red Coral
拉丁名	*Coralliidae* spp.
家族	软珊瑚目，红珊瑚科
昵称	火珊瑚，烽火树，贵珊瑚
荣誉称号	红色"黄金"
现存野生种群规模	全球野生红珊瑚的地理分布范围在 10,000 千米以上，近年种群总生物量下降了几个数量级
保护级别	IUCN 濒危（EN），CITES 附录 III [仅限瘦长红珊瑚 *Corallium elatius*（中国）、日本红珊瑚 *C. japonicum*（中国）、皮滑红珊瑚 *C. konjoi*（中国）和巧红珊瑚 *C. secundum*（中国）]，国家一级保护野生动物

推测演化史

海绵类　　软珊瑚目

最早的珊瑚　　红珊瑚

示意时间树

求生本领

红珊瑚常与海草、海藻等一起固定地生长在海底，但它不是植物，而是一种动物！

红珊瑚虫是海洋中一个特别的动物类群，非常"娇气"，对生活环境非常挑剔。只有当环境满足了硬底、急流、无沉积物、水清、低光照、低温条件的时候，红珊瑚虫才会把这里当作落脚的地方。在生长过程中，红珊瑚虫依旧敏感，在环境有所改变、不适宜生长时就会死去，这样小心翼翼地长上数百年，才能长到巴掌大小。

对环境的要求也限制了红珊瑚的分布。红珊瑚现在主要分布于地中海海域、东南亚海域、大西洋沿海以及太平洋中心等。因为"娇气"的特性，红珊瑚至今没有人工培育的方法。

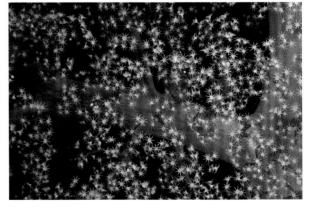

我的形象我做主

红珊瑚虫直径在 0.5 毫米~2 厘米，个体有 8 个羽毛状的触手，个体间彼此相连。红珊瑚树由红珊瑚的骨骼堆砌而成，聚集在一起的红珊瑚就像生长于海底的红色"灌木丛"，在细小的"树枝"上，有小而浅的圆形凹坑供珊瑚虫栖息。珊瑚虫会将触手伸出进行捕食，犹如半透明的白色花朵。

红珊瑚树颜色各异，有暗红、正红、粉红、橘红等，与陆地上的树木有着相似的特征，其横断面上有年轮一样的同心圆，表面有平行的纵纹。

独一无二的秘密

▷ 属于刺胞动物门，是水母的近亲

▷ 寿命极长，在不受侵害的情况下可存活上千年

▷ 生长速度极其缓慢，每年只增长 1 厘米

▷ 需生长 10~12 年才能繁殖后代

▷ 在温暖的夏季生长快，在寒冷的冬季生长慢，因此有类似树木的年轮样生长环

▷ 是滤食性动物，以有机碎屑为食，水流就能给它们带来食物

▷ 鲜艳的颜色来源于自身有机质中的多种色素，不像大多数珊瑚，美丽的色彩来源于依附在表面的虫黄藻

谁在威胁它们

红珊瑚如今越来越少了，到底是什么原因造成的呢？

温室效应导致海水温度升高，致使珊瑚虫因不适应而死亡。海水酸化也是红珊瑚的一大噩梦。红珊瑚的骨骼本质是碳酸钙，遇酸易溶解，酸化的海水会使红珊瑚虫的"树屋"缩水。

因为红珊瑚的经济价值，世界各地不法商人盗采红珊瑚，造成红珊瑚大量减少；海岸工程造成水质浑浊，会有大片泥沙覆盖到珊瑚礁上，导致红珊瑚的死亡；渔业资源的过度捕捞会造成包括红珊瑚在内的珊瑚礁生态系统退化与失衡。

在种种影响下，红珊瑚的数量不断减少。早在 2009 年，中国台湾海域发现的珊瑚中，活体珊瑚所占的比例已经非常低了。到了 2014 年，有学者发现，野外已经很少有高度超过 20 厘米、底部直径超过 2 厘米的红珊瑚了。

谁在保护它们

目前，中国有分布的 4 种红珊瑚已被列入 CITES 附录Ⅲ。同时，中国已将红珊瑚列为国家一级保护野生动物，并通过立法全面禁止采捕红珊瑚资源，明令限制红珊瑚的市场流通。在中国台湾，实行限时、限地、限量采捕。

国门救援

中国海关联合海警及其他有关部门严厉打击红珊瑚盗采、走私等违法犯罪行为。2021 年，中国海关查获多起涉及红珊瑚及其制品走私的案件，其中一起案件涉案金额高达 930 万元。这些红珊瑚或是在出入境人员的行李中被查获，或是在邮寄包裹中被查出。全国各地海关从 2016 年起就开始联合各部门开展"国门利剑"专项行动，严厉打击包括走私红珊瑚及其制品在内的犯罪行为，多次成功缉获走私犯罪团伙。

拯救未来

　　红珊瑚坚韧地生存在海洋的一角，能为海洋生物提供良好的生活场所。各种鱼类、虾蟹类在红珊瑚群中栖息，利用红珊瑚以及周边生长的各类海葵、海藻来躲避海浪和敌害。红珊瑚的消失意味着这些生物失去了家园，会有更多的生物随之消失，导致生态平衡遭到破坏。

　　海关一串串缉获红珊瑚的冰冷数字，意味着红珊瑚的生命在一点点逝去。为了保护红珊瑚，我们能做些什么呢？事实上，一些力所能及的小事，就能为保护红珊瑚助力。比如：动动手指，举报那些宣传贩卖野生动物的短视频；随手转发一些红珊瑚科普的视频和文章，让更多人意识到红珊瑚的生存危机；坚决不使用、不购买任何红珊瑚制品等。努力从身边的小事做起，让我们共筑红珊瑚保护的长廊。

海底铁树银花
——黑珊瑚

大自然的奇迹，每一寸生长都历经沧海桑田。

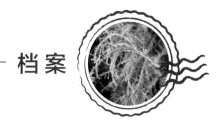

中文名	黑珊瑚
英文名	Black Coral
拉丁名	ANTIPATHARIA spp.
家族	黑珊瑚目，黑珊瑚科
昵称	海柳，海铁树，海松
荣誉称号	海底"千年神木"
现存野生种群规模	世界各大洋都发现有黑珊瑚，但数量依旧不容乐观
保护级别	CITES 附录 II、国家二级保护野生动物

推测演化史

海绵类　　黑珊瑚目

最早的珊瑚　　黑珊瑚

示意时间树

我的形象我做主

黑珊瑚外形似垂柳，又被称为海柳。表面紧密覆盖着一层白色、黄色或红色的珊瑚虫体，像一簇簇繁茂的小花，"树枝"就是黑珊瑚的骨骼。它们通体呈灰黑色、黑色或铁锈色，与树木等植物非常相似，只是表面布满了圆锥形或三角形的小刺，这些小刺给未长大的小珊瑚虫们提供了住所。

求生本领

黑珊瑚广泛分布于太平洋和大西洋，常常居于水深大于 200 米的深海海底。它们犹如侍卫般庄严、威武、沉着、稳重，忠诚地守护一方海域，因此它们在夏威夷州又被称为"王者珊瑚"。

黑珊瑚呈不透明的灰黑色、褐黑色或黑色，经过漂白处理可呈金黄色。黑珊瑚虽然身为动物，却想努力长成一株合格的植物，它们通过吸盘与深海岩石相黏，以此在深海中"扎根"。珊瑚虫们日积月累为自己建造家园，这样特别的家园既可以躲避浪潮，又便于珊瑚虫们探出触手来捕食浮游生物。

独一无二的秘密

▷ 寿命长达千年甚至上万年，被称为海底"活化石"

▷ 名副其实的"长不大"！要长到 1.8 米，大概需要 30~40 年的时间

▷ 长得像植物，但其实是珊瑚虫的骨骼和分泌物的堆积物，表面的珊瑚虫才是活跃在一线的"劳动者"

▷ 更喜欢生活在光线阴暗且水温不高的地方

▷ 很孤独，与其他珊瑚朋友们不同，它并没有虫黄藻做伴

谁在威胁它们

近年来，全球气候变暖导致黑珊瑚栖息海域温度升高，使得生长缓慢的黑珊瑚遭受毁灭性的打击。

与自然压力相比，来自人类活动的压力也是造成黑珊瑚数量锐减的重要原因。人类社会和经济的发展对黑珊瑚造成威胁。珊瑚虫的生长需要温度适中、洁净且不受污染的海水。许多海岸社区和城市缺少完备的污水处理系统，导致含有高浓度营养物质的污水被排入珊瑚礁海域。

由于黑珊瑚生长极其缓慢，仅仅数十年的商业开采就可以让黑珊瑚种群走向濒危。更由于黑珊瑚天然的美，一些不法商人罔顾相关法律法规，私自采摘黑珊瑚以牟取巨大经济利益，这种行为也加剧了黑珊瑚的衰减。

谁在保护它们

黑珊瑚被列入 CITES 附录 II，在中国属于国家二级保护野生动物，任何违反法律、私自采摘捕捞黑珊瑚的行为都将受到法律的制裁。

国际上对整个珊瑚生态的养护管理问题也极其重视。1992 年，联合国环境与发展会议制定 21 世纪议程，把珊瑚礁和相关生态系定为高度优先保护对象；1994 年，国际上成立了由有关国家政府和组织组成的国际珊瑚礁学会（ICRI）；1998 年，美国成立了国家珊瑚礁研究所（NCRI），并建立了海洋保护区和完全生态保护区，以降低人类对于珊瑚的有害影响。

国门救援

在中国，所有黑珊瑚物种及其制品都属于限制进出口物品，中国海关对黑珊瑚非法采捕和走私行为予以严厉打击。

2018 年 10 月，一男子试图将黑珊瑚混杂放在装有普通物品的行李箱中，被厦门海关查获。

2021 年 6 月，一批 6 千克未申报的"木珠子"被深圳海关所属深圳湾海关查获，这些"木珠子"是国家二级保护野生动物黑珊瑚目制品。

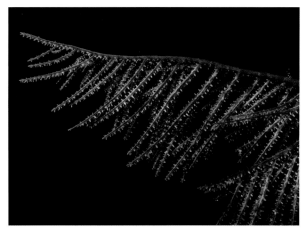

拯救未来

黑珊瑚的每一寸生长都历经沧海桑田般的变迁，一株几米高的黑珊瑚便已经过数个世纪的洋流洗礼，它们的存在和生长本身就是大自然的奇迹。黑珊瑚森林连绵不绝、郁郁葱葱，在深海中摇曳矗立时，才能真正体现"生"的意义。

黑珊瑚的存在，还一定程度上保护了海洋生物多样性，而它们的自由生长也正是海洋环境愈加美好的有力证明。保护黑珊瑚，需要世界的共同努力，少一些黑珊瑚的贸易、少一些黑珊瑚制品的穿戴、少一些对黑珊瑚的破坏，神秘的黑色森林才有可能迎来它的"春天"。

图书在版编目（CIP）数据

国门上的 43 种珍稀动物档案 / 中国野生动物保护协
会, 国际野生物贸易研究组织（英国）北京代表处, 上海
自然博物馆（上海科技馆分馆）编 . — 北京 : 中国海关
出版社有限公司 , 2022.11

　ISBN 978-7-5175-0596-9

　Ⅰ . ①国… Ⅱ . ①中… ②国… ③上… Ⅲ . ①珍稀动物
—介绍—中国 Ⅳ . ① Q958.52

中国版本图书馆 CIP 数据核字 (2022) 第 175270 号

国门上的 43 种珍稀动物档案
GUOMEN SHANG DE 43 ZHONG ZHENXI DONGWU DANGAN

出 品 人：韩　钢
主　　编：尹　峰　徐　玲　何　鑫
策划编辑：孙晓敏　史　娜
责任编辑：景小卫　李　卫
责任印制：刘卜源
出版发行：中国海关出版社有限公司
社　　址：北京市朝阳区东四环南路甲 1 号　　　邮政编码：100023
网　　址：www.hgcbs.com.cn
编 辑 部：01065194242-7527（电话）
发 行 部：01065194221/4238/4246/5127/7543（电话）
社办书店：01065195616（电话）
　　　　　https://weidian.com/?userid=319526934（网址）
印　　刷：北京盛通印刷股份有限公司　　　　　经　销：新华书店
开　　本：889mm×1194mm　1/16
印　　张：21.75　　　　　　　　　　　　　　字　数：370 千字
版　　次：2022 年 11 月第 1 版
印　　次：2022 年 11 月第 1 次印刷
书　　号：ISBN 978-7-5175-0596-9
定　　价：168.00 元

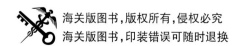